全国水利行业"十四五"规划教材

水安全概论

主　编　周柏林　李付亮

副主编　刘力奂　耿胜慧　邓　飞　李　娟

中国水利水电出版社
www.waterpub.com.cn

·北京·

内 容 提 要

本书在认识水及水安全概念的基础上,对水安全的构成和水安全保障体系进行了详细的阐述,并对水安全的发展趋势作了展望。主要内容包括:绪论,水安全概念及其特性,水安全的构成,水安全保障体系,水安全展望等。

本书可供从事水生态安全与修复、流域水资源规划与管理、环境与安全等工作以及相关领域的研究人员参考,也可供大中专院校作为通识课教材使用。

图书在版编目（ＣＩＰ）数据

水安全概论 / 周柏林,李付亮主编. -- 北京 : 中国水利水电出版社, 2021.11(2022.9重印)
全国水利行业"十四五"规划教材
ISBN 978-7-5226-0263-9

Ⅰ．①水… Ⅱ．①周… ②李… Ⅲ．①水资源管理－安全管理－教材 Ⅳ．①TV213.4

中国版本图书馆CIP数据核字(2021)第239709号

书　名	全国水利行业"十四五"规划教材 **水安全概论** SHUI ANQUAN GAILUN
作　者	主编　周柏林　李付亮 副主编　刘力奂　耿胜慧　邓　飞　李　娟
出版发行	中国水利水电出版社 (北京市海淀区玉渊潭南路1号D座　100038) 网址：www.waterpub.com.cn E-mail：sales@mwr.gov.cn 电话：(010) 68545888 (营销中心)
经　售	北京科水图书销售有限公司 电话：(010) 68545874、63202643 全国各地新华书店和相关出版物销售网点
排　版	中国水利水电出版社微机排版中心
印　刷	清淞永业(天津)印刷有限公司
规　格	184mm×260mm　16开本　10印张　213千字
版　次	2021年11月第1版　2022年9月第2次印刷
印　数	6001—11000册
定　价	**30.00元**

序

　　水是生命之源、生态之基、生产之要。随着现代社会人口增长、工农业生产活动和城市化急剧发展，水污染、需水量迅速增加以及不合理利用，我国缺水问题日益严峻。同时，气候变化使水旱灾害日益频繁，严重影响了社会经济发展，威胁着人类的福祉。自古以来，治水便是立国之本，治水的好坏直接关系到国家的兴衰。中华民族几千年的历史，从某种意义上说就是一部治水史，治水实践孕育和创造了光辉灿烂的中华古代文明。

　　水安全是中华民族永续发展的重要基础，我国是世界主要经济体中水安全形势最复杂、最严峻的国家。历来受到党中央、国务院及全社会的高度关注。党的十八大以来，以习近平同志为核心的党中央从国家长治久安和中华民族永续发展的战略全局高度擘画治水工作。习近平总书记明确提出"节水优先、空间均衡、系统治理、两手发力"的治水思路，就保障国家水安全、推动长江经济带发展、黄河流域生态保护和高质量发展等发表了一系列重要讲话，作出了一系列重要指示批示，为我们做好水利工作提供了科学指南和根本遵循。

　　身在新时代，立足新阶段，水利工作者必须心怀"国之大者"，深刻认识水安全关系人民生命安全，关系粮食安全、经济安全、社会安全、生态安全、国家安全。坚持以人民为中心的发展思想，准确把握人民群众对水的需求已从"有没有"转向了"好不好"，坚定做好节约用水工作，提升水资源供给质量、防洪抗旱标准、饮用水保障、河湖生态质量，让人民群众有更多、更直接、更实在的获得感、幸福感、安全感。高校承担着为党育人为国育才的使命职责，各类高校尤其是水利类院校在人才培养过程中，全面深入推进水安全教育教学，引导广大师生牢固树立水安全观，意义重大、影响深远。

　　让人欣喜的是，湖南水利水电职业技术学院紧跟时代节拍，紧贴形势需求，率先编写而成《水安全概论》教材，并以此为基础在师生中开展教育教学探索尝试，收到较好效果。《水安全概论》教材从水安全概念及其特征出发，紧密结合我国水安全实际，系统阐述了水安全的构成与保障体系，并对未来水安全作了展望，全书结构简洁紧凑，融系统性、趣味性、可读性、科学性于一体，既可作为大专院校师生教材，也可为公众普及读物，对深入开展水安全教育将发挥积极而重要的作用。湖南水利水电职业技术学院在水安全教育上的主动作为，生动诠释了"实事求是、经世济用""敢为天下先"的湖湘精神。

解决中国水安全问题，任重道远，使命光荣。愿与青年学子一起，为祖国的山清水秀、江河安澜而共同努力！

是为序。

2021 年 11 月 20 日

前　言

兴水利除水害，古今中外都是治国大事。随着我国经济社会不断发展，水安全新老问题相互交织，给我国治水赋予了全新内涵，提出了崭新课题。增强水忧患意识、水危机意识，事关社会主义现代化强国建设，事关实现中华民族伟大复兴中国梦。《大中小学国家安全教育指导纲要》对大中小学组织实施国家安全教育作出了统一部署，水安全属于生态安全范畴，是国家总体安全的一部分，在学校深入开展水安全教育，在全社会不断推进水安全宣传，引导师生和公众牢固树立水安全观，对于全面践行总体国家安全观意义重大。

本书以习近平新时代中国特色社会主义思想为指引，贯彻生态文明理念，落实立德树人根本任务，紧紧围绕"水安全"主题，认真回答了"水安全是什么""水安全为什么""水安全干什么"等主要问题。全书分为5章，第1章是绪论，主要介绍水的自然属性、社会属性和文化属性及与生产生活生态息息相关的江河、湖泊、海洋等；第2章是水安全概念及其特性，对水安全概念的形成进行了分析并作出了界定，提出了水安全整体性、综合性、关联性和长期性等特性；第3章是水安全的构成，分析提出了水旱防御安全、城乡用水保障安全、水生态安全、水环境安全、水工程安全、水管理安全等水安全构成要素；第4章是水安全保障体系，对节水保障体系、防洪安全保障体系、统筹优化水资源配置、河湖水生态健康保障体系、水管理保障体系等水安全战略组成体系进行了介绍；第5章是水安全展望，介绍了水安全监管、水安全生态建设、智慧水安全和水安全治理技术等内容。

本书由湖南水利水电职业技术学院组织编写，周柏林、李付亮担任主编，刘力奂、耿胜慧、邓飞、李娟担任副主编。其中，第1章由邓飞、罗恩华编写；第2章由邓飞、李娟编写；第3章由刘力奂、向志军编写；第4章由耿胜慧编写；第5章由邹颖编写。

承蒙中国工程院院士、中国水利水电科学研究院副院长胡春宏为本书作序。编写过程中，湖南省水利厅党组书记、厅长颜学毛给予悉心指导。杨家亮等多位专家给予了建议，编写人员参考并借鉴了国内外相关著作、报刊、网站的有关资料，引用了许多研究成果，在此一并表示衷心的感谢。

本书已在学银在线（https：//www.xueyinonline.com）平台建有"水安全概论"在线开放课程，包括电子教案、ppt、视频、案例、习题等丰富的数字化资源，可供学习者免费使用。

本书既可作为高等学校水安全课程教材，也可作为水安全科普读物。

由于编写人员水平有限，书中不当之处在所难免，敬请专家和读者指正。

编 者

2021 年 10 月

课程导读

水是生命之源、生态之基、生产之要。自古以来，治水便是立国之本，治水的好坏直接关系到国家的兴衰。水利兴则天下定，天下定则人心稳，人心稳即有生产积极性，社会有粮则百业兴。

受大陆性季风气候影响，我国降水空间差异大，年内年际变化大；水资源南多北少、东多西少。历史上，我国是水旱灾害频繁发生的国家。如1860年、1870年长江洪水波及中游平原地区，长江决口，四川、湖北、湖南等地区遭受严重洪涝灾害。1876—1879年的华北大旱灾，持续了整整四年，使农产绝收，田园荒芜，"饿殍载途，白骨盈野"。

我国自古就是治水大国，中华民族几千年的历史，从某种意义上说就是一部治水史，治水实践孕育和创造了光辉灿烂的中华古代文明。大禹治水是文明起源的重要标志；秦始皇修郑国渠而灭六国终成霸业；汉武帝把兴修水利作为治国安邦之策；唐太宗以水的哲理，告诫臣民"水所以载舟，亦所以覆舟，民犹水也，君犹舟也"；开创"康乾盛世"的康熙皇帝将"三藩及河务、漕运为三大事"，"书而悬之宫中柱上"，足见治水在当时国家治理中所处的地位。治水不力往往导致政权衰亡和王朝更替。唐末因旱灾引发黄巢起义导致政权衰败；元末黄河泛滥，繁重的河工徭役导致农民起义；明末大旱引发饥荒，农民起义很快席卷大半个中国导致明朝灭亡。

中国共产党历来重视治水。不论是革命、建设、改革时期，还是新时代，党领导下的水利事业始终坚持以人民为中心，始终以服务保障国民经济和社会发展为使命，以治水成效支撑了中华民族从站起来、富起来到强起来的历史性飞跃。

新民主主义革命时期，在江西瑞金、陕西延安，党领导有组织、有计划地发展红色根据地的水利事业，极大地促进了农业生产连年丰收，有效解决了广大军民的粮食问题，为根据地建设、红色政权巩固和革命事业发展作出了巨大贡献。这一时期，毛泽东提出著名的"水利是农业的命脉"科学论断，解决了许多水利问题。延安十三年，党领导下的水利事业迅猛发展，强调"把修水利作为重要工作之一"。解放战争期间，在党的正确领导下，水利工作者修复黄河堤防，组织防汛，开启了"人民治黄"新篇章。

社会主义革命和建设时期，党领导全国人民开展了轰轰烈烈的"兴修水利大会战"。1949年9月，中国人民政治协商会议第一届全体会议把兴修水利、防洪抗旱、疏浚河流等写入《中国人民政治协商会议共同纲领》。水利工作的重点是防洪排涝、整治河道、恢复灌区。1951年，毛泽东发出"一定要把淮河修好"的号召，把大规模治淮推向高潮。1952年，毛泽东指出"要把黄河的事情办好"，由此掀起大规模治理黄河的高潮。1952年中央人民政府作出《关于荆江分洪工程的决定》，开启了长江治理的大幕，文件指出要"为广大人民的利益，争取荆江分洪工程的胜利"，1954年首次运用荆江分洪工程，为有效抵御长江出现的流域性特大洪水发挥了重要作用。到20世纪70年代末，治水的规模大、力度强，全国共修建九百多座大中型水库，农田灌溉面积达6.7亿亩。新中国治水工程取得了决定性胜利，基本形成了防洪、灌溉综合治理的新格局，有力支撑了国民经济的恢复和发展。

改革开放和社会主义现代化建设新时期，水利战略地位不断强化，从支撑农业发展向支撑整个国民经济发展转变，可持续水利、民生水利得到重视和发展，水利事业取得长足进步。改革开放初期，我国逐步明确了"加强经营管理，讲究经济效益"的水利工作方针，确立了"全面服务，转轨变型"的水利改革方向。1988年《中华人民共和国水法》颁布实施，这是中华人民共和国成立以来第一部水的基本法，标志着我国水利事业开始走上法治轨道。20世纪90年代，水资源的经济资源属性日益凸显，水利对整个国民经济发展的支撑作用越来越明显。1995年，党的十四届五中全会强调，把水利摆在国民经济基础设施建设的首位。这一时期，大江大河治理明显加快，长江三峡、黄河小浪底、万家寨等重点工程相继开工建设，治淮、治太、洞庭湖治理工程等取得重大进展。世纪之交，水利发展进入传统水利向现代水利加快转变的重要时期。1998年，党的十五届三中全会提出，"水利建设要实行兴利除害结合，开源节流并重，防洪抗旱并举"的水利工作方针。2000年，党的十五届五中全会把水资源同粮食、石油一起作为国家重要战略资源，提高到可持续发展的高度予以重视。2011年，中央一号文件聚焦水利，中央水利工作会议召开。这一时期，水利投入快速增长，水利基础设施建设大规模开展，南水北调东线、中线工程相继开工，农村饮水安全保障工程全面推进。

中国特色社会主义新时代，习近平总书记高度重视治水工作。党的十八大以来，习近平总书记专门就保障国家水安全发表重要讲话，提出"节水优先、空间均衡、系统治理、两手发力"的治水思路，为水利改革发展提供了根本遵循和行动指南，并提出长江流域"共抓大保护、不搞大开发"，强调"让黄河成为造福人民的幸福河"。全新的治水思路引领水利改革发展步入快车道。在水利建设方面，确定172项节水、供水重大水利工程建设，部署推进150项重大水利工程建设。在水利改革方面，最严格水资源管理制度全面建立，水资源刚性约束作用明显增强。这一时期，党领导统筹推进水灾害防治、水资源节约、水生态保护修复、水环境治理，解决了许多长期想解决而没有解决的水问题。我国水旱灾害防御能力持续提升，有效应对1998年以来最严重汛情；农村贫困人口饮水安全问题全面解决；河长制湖长制全面建立，河湖面貌焕然一新。

习近平总书记指出，水安全是涉及国家长治久安的大事。随着我国经济社会不断发展，水安全中的老问题仍有待解决，新问题越来越突出、越来越紧迫。新老问题相互交织，给我国治水赋予了全新内涵、提出了崭新课题。我国水安全已全面亮起红灯，高分贝的警讯已经发出，部分区域已出现水危机。河川之危、水源之危是生存环境之危、民族存续之危。水已成为了我国严重短缺的产品，成了制约环境质量的主要因素，成了经济社会发展面临的严重安全问题。全党全国需增强水忧患意识、水危机意识，从全面建成小康社会，实现中华民族永续发展的战略高度重视解决好水安全问题。习近平总书记对水安全问题的深刻分析，体现了对我国国情水情和水安全阶段性特征的准确把握，体现了鲜明的问题导向和强烈的底线思维。

2020年，教育部印发了《大中小学国家安全教育指导纲要》，要求落实立德树人根本任务，牢固树立和全面践行总体国家安全观，水安全列入生态安全范畴。因此，面对新时代新要求，在高等学校进行水安全教育，帮助学生认知水与水安全，树立起与时俱进的水安全观，增强使命感和责任感，是十分必要的。

基于这样的分析和思考，组织骨干教师及专家，在水安全整体形势分析的基础上，按照"传承＋普及"的教材编写思路，对章节的确立、内容深浅的把握、案例和知识的引入等进行了总体、系统的设计，形成教材的基本构架和编写体例。本书共有5个单元，从认识水入手，分析水的自然属性、社会属性和文化属性；导入江河、湖泊、海洋等与我们生活息息相关的概念。对水安全概念的形成进行了分析并作出了界定，提出了水安全的整体性、综合性、关联性和长期性等特性。分析提出了水旱防御安全、城乡用水保障安全、水生态安全、水环境安全、水工程安全、水管理安全等水安全的构成要素。在此基础上，对节水保障体系、防洪安全保障体系、统筹优化水资源配置、河湖水生态健康保障体系、水管理保障体系等水安全战略组成体系进行了介绍。最后，对水安全进行了展望，介绍了国内外水安全发展趋势与相关先进经验。

要学习好这门课程，编者建议：

学习《水安全概论》，核心要义是要与学习习近平新时代中国特色社会主义思想、习近平生态文明思想、习近平总书记有关水利工作的重要指示结合起来。通过学习，理解"坚持以人民为中心的思想""把人民群众对美好生活的向往作为我们的奋斗目标"等初心使命。牢固树立"绿水青山就是金山银山"生态文明理念，加强综合治理，构筑生态安全屏障。要理解"节水优先、空间均衡、系统治理、两手发力"十六字治水思路；掌握"不搞大开发，共抓大保护""守护好一江碧水""让黄河成为造福人民的幸福河""确保粮袋子、菜篮子、水缸子安全"等深刻内涵。

学习《水安全概论》，要与形势与政策课结合起来。几千年的治水历史证明，实施水安全战略，既是中华民族治水经验的总结升华，也是中华民族伟大复兴的必由之路，是历史必然。坚持补短板、强弱项，把水安全工作谋划好、落实好，事关初心使命，这是战略考量，也是现实必须。水安全战略格局的构建，建成与基本实现现代化国家相适应的水安全保障体系，既是美好愿景，也是战略蓝图，更是实施方案。作为第二个一百年目标的建设者和见证者，青年学子要把握水安全战略的历史、现实和未来三个逻辑，必须担负起治水兴国的历史责任。

学习《水安全概论》，要与专业知识课结合起来。党的十九届五中全会通过的《中共中央关于制定国民经济和社会发展第十四个五年规划和二〇三五年远景目标的建议》，将维护水利等基础设施安全，提高水资源集约安全利用水平作为确保国家经济安全的重要内容。将提升洪涝干旱等自然灾害防御工程标准，加快江河控制性工程建设，加快病险水库除险加固，全面推进堤防和蓄滞洪区建设等作为保障人民生命安全的重要组成部分。要将水安全与国家安全紧密结合,统筹发展和安全,建设更高水平的平安中国。完成这些任务,需要水利专业学生把握这些专业知识理论,练就专业知识技能,提高服务建设社会主义现代化国家的专业能力。

目录

地球表面 70％以上都是水，水是地球生命的最初之源，也是组成世界万物的最为重要的物质。从上古大禹治水到当代洪涝治理，从社会文明起源到当代海洋命运共同体，从"知者乐水"到当代新时代水利精神，都有着水的影子。对于水，我们既熟悉又模糊，熟悉是源于水与我们的生产、生活和生态都息息相关，我们每天都会与水打交道，模糊则是因为从不同视角，对水的认识和理解又会有所差别。在生物学家的眼中，水是生命；在文人骚客的眼中，水是情感寄托的载体；在哲学家的思辨中，水又被赋予了人生哲理。那么水到底是什么？水又从哪里来？水与我们的生活又有着何种关系？作为水利工作者，我们应该如何认识水？下面就让我们在认识水的过程中来发现答案，一同找出谜底。

1.1　水之初：本起说解

关于地球上水的来源，有的人认为是地球与生俱来的，如地幔里的熔融岩、火山喷发、地球内部矿物质脱水等；有的人认为水来自彗星、陨石和太阳风等。虽然说法不一，但是目前关于水来源的学说大致可以分为"内源说"和"外源说"两类。

1.1.1　内源说

水，化学式为 H_2O，是由氢、氧两种元素组成的无机物，氢气在氧气中燃烧，其化学方程式为 $2H_2+O_2 \xrightarrow{\text{点燃}} 2H_2O$。根据此化学方程式，多数专家认为，地球形成之初为水的产生创造了条件，因为在 46 亿年前，地球是一个熔融体，在这种高温条件下，大气中的氢和氧发生反应合成水，水蒸气逐步凝结下来并形成海洋。

1.1.2　外源说

赞同外源说理论的科学家，大部分认为水是在地球形成的最后阶段，由彗星或在太阳系外形成的，然后由带有水合矿物质的小行星运送到地球。法国南茜

图 1.1　碳质球粒陨石

岩石地质研究中心的研究人员确定了一系列球粒陨石（图 1.1）的水浓度和成分，并认为地球上的水可能是起源于顽火辉石球粒陨石等物质释放的氢，这表明地球形成之初就拥有足够的形成水的基础元素。

思考

同学们，既然氢气和氧气能合成水，那为什么地球上还有干旱和缺水的地区？

1.2 水之态：气态、液态、固态

气态、液态、固态是水在自然界中的三种形态，这三种形态以温度的变化为媒介，形成了密切的关联性。根据资料统计，地球上的水，以气态、固态、液态三种形式存在于大气层、海洋、河流、湖泊、沼泽、土壤、冰川、永久冻土、地壳深处以及动植物体内，它们相互转化，共同组成一个包围地球的水圈，总水量有 14 亿 km^3。

1.2.1 气态

在达到一定温度条件下，水会以气态的方式存在，以我们所熟知的云或者雾等形式展现，气态水主要存在于大气层中，其数量相对于液态水、固态水来说，是十分微小的，仅仅占地球总水量的十万分之一。

气态水在人们日常生活中运用也比较广泛，比如水蒸气，可以用来杀菌，由此，人们研发和生产出了蒸汽家用清洁器、蒸汽型洗衣机、冷蒸发式加湿器等小型家用电器，此外，人们最为熟悉的可以将蒸汽的能量转换为机械能的蒸汽机等都与人们生产生活密切相关。除此之外，气态水还是大气水循环的必备条件。

1.2.2 液态

水在常温常压下为无色无味的透明液体。液态是水的常见形态，液态水占地球总水量的比重最大，既包括了海洋水，也包括了陆地水，其中陆地水又可以细分为河流水、湖泊水、地下水等。

液态水与生产、生活和生态都密切相关，一方面，液态水不仅是人类维持日常生活必不可少的物质。另一方面，液态水也是工业，农业生产的必要条件，尤其是对农业来说，液态水可谓是农业的命脉，《国家农业节水纲要（2012—2020）》显示："农业是我国用水大户，近年来农业用水量约占经济社会用水总量的 62%"。

1.2.3 固态

固态水包括冰川和永久冻土两种存在形式。冰川对人的生存至关重要，地球上的冰川面积约占陆地的 11%。因为冰川变化对全球地表热量平衡、大气环流和海洋洋流有着重要影响，所以地球气候、世界大洋水位的变化以及整个人类生活在一定程度上都与之有关。近年来，随着全球气候变暖，地球平均温度不断上升，这样地球两极以及高原上的冰川将会不断融化。2020 年 9 月，央视《新闻报道》南极冰川下发现新河道，冰川正在加速融化。冰川融化将导致海平面上升，如果海平面上升，那么沿海城市会更容易遭殃，还会有一部分国家或地区会被海水淹没。此外，冰川是地球上最大的淡水水库，如果冰川消融，那么必将会造成淡水资源流失，甚至会影响到冰川生物的生存与延续，造成生态失衡。

小知识

水为什么会有气态、液态、固态三种形式？这是因为水的状态是由水分子的运动速度决定的。固态水，其分子间的距离更近，排列更整齐，就如同在一间教室，每个同学都有自己的位置，认真听讲，不随意走动；液态水，其分子间的距离稍微散一点，就如同同学们在上体育课，在一定范围内进行活动，但是无论如何活动，都不能离开运动场；气态水，其分子之间的距离最大，如同同学们在寒暑假一般，离开学校，各自回家，运动范围可以更大。

1.3 水之性：两无一明

在常温常压下，水是无色无味的透明液体。水无色，但是却能够被人们所看见；水无味，但是在饮用不同溶解性固体总量（TDS）、酸碱度（pH）的水时却存在口感上的差异；水透明，但是却有着很强的溶解力。

1.3.1 无色

水是无色的，主要是由于组成水的氢原子和氧原子本身都是无色的。此外，水的杂质和气泡较少，水的透光率很高，光线能够直接穿透而不被吸收，因此水会呈现出一个无色状态。水的透光性对生态平衡和水生物生存有着极其重要的作用。试想一下，如果河水被污染，那么水的透光性就会因此而减弱，阳光、氧气等很难进入水体内部，河水中的水生动植物等生长所需要的阳光就无法得到满足，污染严重的河水，水生动植物可能就会直接死亡。

水既然是无色的，那海水看上去为什么那么的蓝？这就和太阳光有关系了，因为海水越深，被散射和反射的蓝光就越多，我们看到的正是这部分被散射或被反射出来的光，如果用手去舀一勺海水，手中的海水就如同自来水一样，仍然是无色透明的。

1.3.2　无味

水是没有味道的，这是就水的物理特性而言的，物理意义上的无味指的是纯净的水。在实际生活中，我们所接触到的水多多少少都有会一些味道，这与水的溶解性固体总量（TDS）、酸碱度（pH）等有关。国家标准《生活饮用水卫生标准》（GB 5749—2006）中对饮用自来水的溶解性固体总量（TDS）有限量要求：溶解性总固体不大于 1000mg/L。大多数水 TDS 值都为 200～800mg/L，TDS 越高，口感就越重；TDS 越低，水越轻盈柔软，味道也更加寡淡。相较于溶解性总固体，pH 值对水的口感影响不是很明显，根据我国《生活饮用水卫生标准》（GB 5749—2006），一般饮用水的 pH 值范围应为 6.5～8.5，pH 值偏高，口感偏甜；pH 值偏低，口感则偏酸。

1.3.3　透明

水是透明的，但是却可以变成五颜六色，水比其他任何液体都能溶解更多的物质，水的这种强溶解性，不仅使得多种无机和有机物都易溶于水中，同时也为生命的代谢起了重要的作用。同时，水也是生产生活中重要的溶剂，碳原子数少的醇、醛、酸易溶于水，很多糖类也易溶于水，常见的如乙醇、蔗糖、乙酸等；此外，将二氧化碳压入水，还可以制造汽水。

1.4　水之利：万化之根

水因其特殊性，成为了地球生命得以存续的物质基础，成为了现代农业、工业发展的必备条件，成为了促进生态环境可持续发展的命脉。

1.4.1　万物之母

水是人类生存的重要资源，也是生物体最重要的组成部分。水在生命演化中起到了重要的作用。人类很早就开始对水产生了认识，东西方古代朴素的物质观中都把水视为一种基本的组成元素，水是中国古代五行之一，水也是西方四元素说之一。

生命起源于浩瀚的海洋，汉字"海"是由人、水、母组成，从字的构成就说明了中国人对人与水关系的认识，水在希腊语中被称为 ARCHE，原意是万物之母。万物之母——水所生的物品，都会在时间的流逝中衰败、破坏直至消失形体，而水因为没有固定的形体，所以水能回归，这也许就是人类以水为思想的根源！我国老子提出："水为五行之首，万物之始"；东汉著名医学家张仲景说："水为何物？命脉也！"

水是生命之源，是一切生物生存与繁衍的物质基础。没有水就没有生命。生物学家曾发现一个丰富多彩的"富水"现象：植物叶子的含水量为 75％～85％；昆虫的含水量为 45%～65%；哺乳动物的含水量为 60%～68%；海蚕的含水量为 95%～98%。据统计，人体中的水分大约占体重的 70%。其中，脑髓含水 75%，肌肉含水 76%，血液含水 83%，连坚硬的骨骼里也含水 22%。没有水，营养不能被人体吸收，废物不能排出体外，药物不能到达起作用的部位。在正常情况下，人体的水分 18 天更换 1 次，正常人 7 天不喝水就得渴死。在人体内根据其所在区域的不同，水的内在结构也不相同。细胞膜及细胞质内的水则是最精华的"液晶态"水，它聚集在细胞膜内侧，不断地向细胞核输送带有某些微量元素的"液晶水"，以促进和发动新陈代谢，故将这种水称为"生命的动力水"。细胞膜的水大部分是呈液晶态的结合水，约占膜重量的 30%，据估计，地球上的人和所有动植物的含水量，相当于全球地表淡水量的一半，所以可以毫不夸张地说：生命就是水，水就是生命。

1.4.2　文明之源

图 1.2　桔槔

谈到水与生产，首先就必须要提到的是农业生产，因为农耕之本就是水。我国的农业发展有着悠久的历史，最早可以追溯到新石器时代，我国农业发展至今，形成了包括林业、种植业、畜牧业、渔业和副业等在内的生产结构。在我国农业发展历史上，为了利用好水资源，保证农作物生长所必需的水分，古代劳动人民创造了众多灌溉工具、灌溉机械，如桔槔（图1.2）、辘轳等。

桔槔是利用杠杆原理制成的取水工具，早期的桔槔主要用于园圃中的"井"上，代替缸、瓮等来汲水灌田，后来也应用在湖、河、塘、溪的边上汲水。应用桔槔的汲水过程主要是借助人的体重向下用力，因而大大减轻了人们提水的疲劳感。桔槔操作简单并使人们的劳动强度得以降低，是古代我国主要的灌溉工具之一。与桔槔相比，辘轳更适用于耕作规模较大的农田，辘轳便于深井汲水，弥补了桔槔的功能缺陷，满足了农田灌溉对水资源的进一步需求。除以下两种灌溉工具外，还有翻车、筒车、水车等灌溉机械，能够适用于面积更大、范围更广的农田耕作。

现代农业，还出现了自动化程度更高的节水灌溉设备和微灌、滴灌技术，既保证了农业生产，同时又减少了水资源浪费、环境污染。

在现代工业生产中，水被称为工业的血液，我国工业用水量约占全国用水总量的 21%，高耗水工业企业是用水大户，同时大多也是高污染高排放大户。在整个工业生产中，水几乎都参与其中，包括制造、加工、冷却、净化、空调、洗涤等各个环节，以钢厂为例，制造 1t 钢，大约需用 25t 水，根据相关统计，钢铁行业年用水量约 42 亿 m^3，约占全国工业用水总量的 3%。除了钢厂外，造纸、化工、印染、食品厂、饮料厂、酒厂、纺织、机械等都是高耗水行业。为深入推进节约用水工作，水利部正式对外公布《关于印发钢铁等十八项工业用水定额的通知》（水节约〔2019〕373 号）。自此，按照不同产品、原料、工艺等分类制定了钢铁、火力发电、石油炼制、选煤、罐头食品、食糖、毛皮、皮革、核电、氨纶、锦纶、聚酯涤纶、维纶、再生涤纶、多晶硅、离子型稀土矿冶炼分离、对二甲苯、精对二甲苯 18 项工业用水定额。节水减排的实施，能倒逼企业转变观念、改进生产，切实把绿色发展要求贯穿到生产之中。据有关行业协会和专家预测，新规落地后，有关企业用水效率将提高 10%~20%，年节水量可达 10 亿 m^3。仅钢铁行业而言，年节水量将达到 4.2 亿 m^3，约等于一个 800 万人口规模城市一年的居民家庭生活用水量。若按每用 1 m^3 水排放 0.7 m^3 废污水计算，年减排废污水量可达 2.9 亿 m^3，节水减排效益可观。

水也是贫困地区老百姓反映最强烈、愿望最迫切、最需要解决的老难题，通过解决贫困地区饮水困难和饮水安全问题，有力地推进了脱贫攻坚工作。2021 年 1 月 30 日，中央广播电视总台《新闻联播》头条播出了广西壮族自治区毛南族整族脱贫迎来更加美好新生活的专题报道，就是一个生动的例证。

1.4.3 生存之本

水作为自然生态环境不可或缺的一部分，主要包括了河流生态、地下水生态、人居环境用水等，水与生态环境密不可分，相互促进、相互影响。首先，只有当地球上的水资源丰富充盈时，才会有更多的水通过阳光、大气等作用进入到大气层，变成雨水，最终以降水的形式滋养万物，让森林、植被等更加茂盛，净化河流，美化生态环境。其次，如果水资源匮乏，植物、植被生长受限，动物因缺水而死亡，河道因缺水而干涸，环境最终会恶化，生态平衡最终会被打乱。随着近代人类用水不断增长，天然生态系统用水和环境用水被不合理挤占，也诱发出了诸多生态问题和环境问题。横亘陕西、内蒙古、宁夏三地的毛乌素沙漠，是我国四大沙地之一。毛乌素沙漠并非自古以来就是一片荒芜。在一千年前，这里也曾是一片水草丰美、牛羊成群的美好景象。但自唐代起，人类的活动范围逐渐扩大，加之对这一地区自然资源不合理的开发利用，毛乌素地区逐渐荒漠化。也正因如此，毛乌素沙漠被称为"人造沙漠"，它的形成是人类活动破坏生态平衡造成的。毛乌素沙漠治理前后对比图如图 1.3 所示。

毛乌素沙漠在蒙古语里的意思为"坏水"，又名鄂尔多斯沙地，位于陕西和内蒙古两省交界处，面积达 4.22 万 km^2。新中国成立之初，"风刮黄沙难睁眼，庄稼苗苗出不全。房屋埋压人移走，看见黄沙就摇头"，是榆林地区恶劣生态环境的真实写照。新中国成立

之前

现在

图1.3　毛乌素沙漠治理前后对比图

后，经过几代人数十年的治理，如今的毛乌素腹地，林木葱茏，绿色已成主色调。一方面，毛乌素沙漠的治理离不开其自身降水较多的气候优势，在夏季7、8月，由东南海面向北推进的东南季风，虽然经过长途跋涉到达毛乌素沙漠边沿的时候已成"强弩之末"，但是因为这里特殊的三面环山的喇叭口地形，季风中携带的水汽在此产生汇流和辐合，造成大量的水汽堆聚，继而沿着山坡向上爬升，产生了较大的降雨云系，使得毛乌素沙漠有了相对于其他沙漠更多的降水。因处于这样独特的地形构造之内，毛乌素沙漠夏季降水量占据了全年降水量的60%～70%，暴雨次数则占到了全年总次数的80%～86%。正是这些难能可贵的水资源，使得毛乌素沙漠周边有了绿洲和人烟，孕育了灿烂的文明奇迹，也给当代的沙漠治理提供了可贵的条件。因此，毛乌素沙漠也被专家称为"世界沙漠的暴雨中心"。另一方面，科学选择抗旱节水植物物种等也是有用的"功臣"，治沙并不是简单的种树，种植防沙的植物时，不仅要考虑成本，还要考虑这种植物是否适合沙漠里的环境，植物能否吸收沙漠里面的水分。根据数据统计，治理毛乌素沙漠，栽种的树木按1m株距排开，可绕地球赤道54圈，这样"绿水青山"来了，"金山银山"也跟着来了。这些年，榆林风沙区大棚种植、育苗、沙漠旅游等蓬勃兴起，榆林市从事沙产业的企事业单位有150多家，年产值达4.8亿元，从业人员有10万余人。

拓展阅读

生态环境部："十四五"水环境保护要更加注重"人水和谐"

生态环境部副部长翟青在重点流域水生态环境保护"十四五"规划编制工作推进会上指出："十四五"期间的水生态环境保护工作，要在水环境改善的基础上，更加注重水生态保护修复，注重"人水和谐"，让群众拥有更多生态环境获得感和幸福感。

"十四五"重点流域水生态环境保护规划的编制更加注重生态要素，建立统筹水资源、水生态、水环境的规划指标体系，强调在目标设置上有所突破，提出了"有河要有水，有水要有鱼，有鱼要有草，下河能游泳"的要求，通过努力让断流的河流逐步恢复生态流量，让生态功能遭到破坏的河湖逐步恢复水生动植物，形成良好的生态系统，对群众身边的一些水体，进一步改善水环境质量，满足群众的景观、休闲、垂钓、游泳等亲水要求。要通过"十四五"时期乃至更长一段时间的努力，让越来越多的河湖能够水清岸绿、鱼翔浅底，成为美丽中国不可或缺的组成部分。

水生态环境治理千头万绪，问题纷繁复杂，但河湖是其中最为关键的节点。从空间角度来说，上下游、左右岸污染都将汇聚于河湖中；从因果角度来说，河湖是水污染排放和水生态破坏的直接承载者，基础设施不足、超标排污、生态破坏等所有问题最终体现于河湖上。

"抓住河湖，也就抓住了水生态环境治理的'牛鼻子'。"要把以往水环境治理受制于区域分割的局面，以及规划项目与环境改善目标脱钩的情况，转变为围绕具体河流先研究问题，再提出目标并分析评估，按照轻重缓急，通过上下游配合，左右岸联手，有序采取针对性措施，对症施策、精准治污，实现生态环境质量改善的目标。

1.5　水之道：以水为师

1.5.1　水的哲学思想

水木金火土五行当中，水没有金的耀眼，没有木的笔直，没有火的热烈，也没有土的厚实。但水却可以冷却灼热的金属，让木船在其中航行，熄灭熊熊燃烧的烈火，润湿广袤的土地。古人常常以水比德，大家最为熟悉的两句名言，一是孔子的"知者乐水"，二是老子的"上善若水，水善利万物而不争"。

把水真正放在哲学层面上来看的当数道家学派的开山鼻祖老子，以至于有人说，老子的哲学就是水性哲学。老子眼中的水，充满着人性色彩："上善若水，水善利万物而不争。处众人之所恶，故几于道。居善地，心善渊，与善仁，言善信，政善治，事善能，动善时。夫唯不争，故无尤。"在这里，老子把水的品德人性化了，他认为道德高尚的人应具有水的七种美德，即：居住，要像水一样，选择深渊、大谷、海洋这些艰苦而低下的地方；心胸，要像大海一样宽阔、沉静而深邃；待人，要像水一样善利万物，仁义、真诚、包容、甘于奉献；说话，要像水一样诚实而恪守信用；为政，要像水一样清正廉洁，把国家治理得井井有条；做事，要像水一样，尽自己最大的能力去做善利万物的事；行动，要像"好雨知时节"一样把握时机。老子认为水的这七种美德是最接近他的"道"。这里以水论道，实为以水论人，是老子人生哲学的重要内容。人的德行的最高境界，就像水的品性一样，泽被万物而不争，这就是"道"的境界。上善若水，与世无争，实则天下无人能与之争，这才是真正的近于道。在老子的哲学思想中，道如水，水即道，我们应该用如水的心态指导我们的行为，调适我们的内心。

儒家学派的创始人孔子，对水充满了深厚的感情，曾说："逝者如斯夫，不舍昼夜！"意为岁月与人事，都如流水般地消失了。这是孔子站在河边望着滔滔流逝的河水发出的感慨，表达的是对生命易逝、年华不再的慨叹。孔子还有一句名言："知者乐水，仁者乐山。"这种"比德"的山水观，给山水打上了深深的社会文化意义，并被后世发扬光大。做一个智者，像水一样，适应环境；做一个仁者，像山一样，以不变应万变，保持自我。山水合一，智仁兼备，乃是大智慧的人生选择。儒道的两位创始人对水的美德的赞颂实际上是对人们仁爱、勇气、善化、度量、意志等美德的赞颂。赋予水以美德，人从水中学习美德，这也是古人通过身边的事物获得知识、智慧的一种方式。

除儒、道两家，释家对水的描述同样精彩。禅语曰："善心如水"。水利万象万物，"善心"备焉。水凭渗透性强而滋润生物；水靠浮力大而可行舟船；水凭流动不息而改善环境，让地球充满生机；水可降温，水可去污；水可驱动机器，水可以发电生能……水的作用无数，水之善心无边。"善心"的智慧当"如水"，"流水不腐"暗示人要想身心健康就得常运动，"饮水思源"告诉人们不要忘本，"顺水推舟"是昭示人们要善于顺情。水绝不怨天尤人，"高山流水"是知音，"行云流水"为妙境。"水止则能照"蓝天、草木、万物，"水静柔而动刚"。人生处世当如水，怀一颗善心、平常心，善待一切，灵活、善变，不妄求环境适应自己，而善使自己适应环境。

1.5.2 新时代水利精神

2019年2月13日，水利部印发了《水利部关于印发新时代水利精神的通知》，确定新时代水利精神表述语是："忠诚、干净、担当，科学、求实、创新"。新时代水利精神表述语文字简短、凝练质朴，内容丰富、涵盖广泛，特点鲜明、寓意深刻，文化浓郁，品质凸现，它凝聚水利灵魂，代表水利形象，彰显水利文化，引领水利未来，是对历史文化的沉淀与深化，更是水利人的精神引领与精神坐标。具体来说，"忠诚、干净、担当"是水利人必须坚守的做人准则，"科学、求实、创新"是水利人身体力行的干事原则。水利部前部长鄂竟平曾指出："伟大事业需要伟大精神。新时代水利精神不是从天而降，不是简单口号，而是传承于五千年治水文化，立足于新时代水利实践，是社会主义核心价值体系在水利行业的具体体现，也是水利人践行初心使命的重要标尺。"

忠诚——水利人的政治品格。水利关系国计民生。在新时代，倡导水利人忠于党、忠于祖国、忠于人民、忠于水利事业，胸怀天下、情系民生，致力于人民对优质水资源、健康水生态、宜居水环境的美好生活向往，承担起新时代水利事业的光荣使命。

干净——水利人的道德底线。上善若水。在新时代，倡导水利人追求至清的品质，从小事做起，从自身做起，自觉抵制各种不正之风，不逾越党纪国法底线，始终保持清白做人、干净做事的形象。

担当——水利人的职责所系。水利是艰苦行业，坚守与担当是水利人特有的品质。在新时代，倡导水利人积极投身水利改革发展主战场，立足本职岗位，履职尽责、攻坚克难，在平凡的岗位上创造不平凡的业绩。

科学——水利事业发展的本质特征。水利是一门古老的科学，治水要有科学的态度。在新时代，倡导水利工作坚持一切从实际出发，尊重经济规律、自然规律、生态规律，坚持按规律办事，不断提高水利工作的科学化、现代化水平。

求实——水利事业发展的作风要求。水利事业不是空谈出来的，是实实在在干出来的。在新时代，倡导水利工作求水利实际之真、务破解难题之实，发扬脚踏实地、真抓实干的作风，察实情、办实事、求实效，以抓铁有痕、踏石留印的韧劲抓落实，一步一个脚印把水利事业推向前进。

创新——水利事业发展的动力源泉。水利实践无止境，水利创新无止境。在新时代，倡导水利工作解放思想、开拓进取，全面推进理念思路创新、体制机制创新、内容形式创新，统筹解决好水灾害频发、水资源短缺、水生态损害、水环境污染的问题，走出一条有中国特色的水利现代化道路。

拓展阅读

最美水利人事迹展播

自 2016 年 3 月，水利部精神文明建设指导委员会办公室在水利系统干部职工中广泛开展"践行核心价值观，争做最美水利人"主题实践活动，让"最美"形象在地区内生发、向行业上传递，截至目前已经开展了两届。第一届推选"最美水利人"4 名，"最美水利人提名奖"4 名；第二届共推选"最美水利人"12 名。

浮生 70 记

"孩子们，我来给你们讲讲爷爷治水的故事……"在一阵低沉的叙事声中，一幅湖湘儿女 70 年来改天换地、大干水利的画卷缓缓展开。《浮生 70 记》H5 以音诗画的形式共同展现了湖南水利 70 年改革发展成就（图 1.4）。

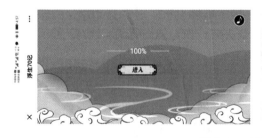

图 1.4 《浮生 70 记》

H5 以 1949—2019 年的 70 年岁月为脉络，以湖南省水利事业发展壮大的真实历史为足迹，突出展现了 70 年来湖南省水利事业发展的成功经验与启示、典型案例和标志性事件。

中华人民共和国成立初期，湖湘人民肩挑手扛、移山倒海，打赢了一场又一场水利建设"攻坚战"；改革开放时期，水利建设迈开大步，农村小水电建设燎原三湘；1988 年《中华人民共和国水法》颁布，水利迈入法治化管理阶段，湖南省水利法制建设紧跟全国法制建设的步伐；1998 年大水后，三湘大地再掀水利建设大潮，防灾减灾体系逐渐完善，农村安全饮水工程进入千家万户；2011 年中央一号文件提出"水是万物之母、生存之本、万物之源"，党的十八大以来，湖南省大力推进生态文明建设，人与自然和谐共处……

1.6 水之美：诗词歌赋

1.6.1 内涵意境之美

水成为旷古不衰的文学题材，从古至今有无数关于水的诗词涌现。"关关雎鸠，在河之洲""蒹葭苍苍，白露为霜""落霞与孤鹜齐飞，秋水共长天一色""一道残阳铺水中，半江瑟瑟半江红""水光潋滟晴方好，山色空蒙雨亦奇""问渠那得清如许？为有源头活水来""气蒸云梦泽，波撼岳阳城""渔翁夜傍西岩宿，晓汲清湘燃楚竹"……

水在天地之间，千姿百态，形形色色，有河、湖、海、瀑、泉、溪、涧、渠、潭、井、池、雨、雾、霜、雪。历代文人墨客以水为题材，妙笔生花，创作了数不胜数的文学作品：有关于黄河、长江、洞庭湖、西湖……的；有描写水的平静、波动、浩瀚、壮阔、雄险、汹涌、斑斓、变幻、光泽、声响……的；有时是"浊浪排空""翻天倒海"的力量象征；有时是"女儿是水做的骨肉""秋水伊人"的情感载体；有时又是"水淹七军""背水一战"的战场经典；有时还可以变成"水泊梁山""浪里白条"的快意恩仇……不管是沈从文笔下《边城》中那一条"故乡的河"，余光中《乡愁》诗中那一湾"浅浅的海峡"，还是杨慎的"滚滚长江东逝水，浪花淘尽英雄"，苏东坡的"大江东去，浪淘尽，千古风流人物"，岳飞的"怒发冲冠，凭栏处潇潇雨歇"，抑或是李煜"问君能有几多愁，恰似一江春水向东流"，李之仪的"我住长江头，君住长江尾。日日思君不见君，共饮长江水"和纳兰性德的"山一程水一程，身向榆关那畔行，夜深千帐灯"等，试想要是少了水的参与，美的意境又还能剩几分？独得八斗之才的曹植，更是以一篇《洛神赋》承前启后，扛鼎文坛。洛水之神宓妃成了后世绝代佳人的代名词，贯穿赋间的人神爱情和"人神殊道"无从结合的惆怅分离，让人伤感痛惋，若是再结合曹植的平生际遇，重品该赋，就会令人生发出无限的唏嘘！

1.6.2　吟唱诵读之美

我们要走向星辰大海，就不能只有眼前的苟且，还要有诗意和远方。水中有文化，水中有经典，水中有诗意。"诗者，志之所之也，在心为志，发言为诗，情动于中而形于言。"情感是诗的灵魂，中国古人在读诗时不仅"高声朗诵，以昌其气"，还讲求"密咏恬吟，以玩其味"。咏，歌也；吟，呻也。在高声朗读之后，古人又通过吟唱的方法，进一步入诗境、悟诗心、品诗味。

通过诵读水文化经典，可以丰厚我们的文学储备，提高我们的写作能力，提升我们的人格修养和精神气质，所谓"腹有诗书气自华"。还能提升我们的专业素养和职业修养，比如，对《都江堰》《钱塘观潮》等作品的诵读。潜移默化中，还能培养我们的民族自豪感和爱国情操，锤炼对水利事业的热爱和尊崇，比如，对《赤壁赋》《岳阳楼记》《滕王阁序》《春江花月夜》《桂林山水》的诵读，来体察祖国山河的壮美，感受中华文明的厚重。

以音乐为纽带，通过吟唱传达水文化古典诗词歌赋的情景意蕴和韵律之美，可以连接古人和今人共同的情感体验，在古典情怀与当代生活之间架起一座文化绵延传承的桥梁，表达对水文化古典诗词的崇敬与礼赞，为传承中华民族优秀传统文化做出我们的贡献。这方面，我们可以从学唱《长江之歌》《太湖美》《洞庭鱼米乡》《万水千山总是情》等歌曲，欣赏《浏阳河》等经典音乐作品开始。

拓展练习

水 字 歌 趣

我们日常生活中，有很多带水字或以水为题的歌曲，稍做整理就可以得到一些水意盎然的文字。

比如：《黄河大合唱》《乌苏里江》《松花江上》《太湖美》《洪湖水，浪打浪》《长江之歌》《十八弯水路到我家》《洞庭鱼米乡》《浏阳河》《小河淌水》《泉水叮咚》《又唱浏阳河》《山歌好比春江水》《在水一方》《贝尔加湖畔》《梦里水乡》《水中花》《爱如潮水》《风中有朵雨做的云》《哪里的天空不下雨》《水手》《忘情水》《英雄泪》《为了谁》《万水千山总是情》等。

开动你的脑筋，也来试一试吧！

1.7　水之形：江河湖海

与我们人类生活密切相关的就是江河湖海，习近平总书记深刻指出，"生态是统一的自然系统，是相互依存、紧密联系的有机链条。人的命脉在田，田的命脉在水，水的命脉在山，山的命脉在土，土的命脉在林和草，这个生命共同体是人类生存发展的物质基础。"在中国古代汉语言中，"江"常代指长江，"河"常代指黄河，而对于其他的江河，则必须说出全称，如"湘江""黑龙江""塔里木河"等。可见，"江""河"并没有本质上的区别。"湖"指的是在陆地上的一个水系，它与江河的不同是，湖泊具有一定的几何形状，而不能像江河那样是线性的。"湖"都是面状的，不像河那样是线条状。湖有内流湖和外流湖之分，如我国的洞庭湖属于外流湖，青海湖属于内流湖。地理上的"海"指的是靠近大陆的一定区域内的海洋部分。如我国的东海、南海，俄罗斯与美国阿拉斯加州之间的白令海，挪威附近的北海，以及被欧非两洲环绕的地中海等。

1.7.1　江河是人类文明的保障

江河是地球上水文循环的重要路径，是泥沙、盐类和化学元素等进入湖泊、海洋的通道。江河对人类有重要意义，除了生活和农业用水外，还具有航运、防洪、灌溉、养殖、旅游、调节气候等功能。有人把河流称为大地的动脉，河流世世代代地滋润着大地、哺育着人民，成为人类文明发展的摇篮。所以很多河流也就被称为"母亲河"。人类的各大文明几乎都是起源于各大河流。

古巴比伦起源于底格里斯河及幼发拉底河，又称古两河流域文明，约出现在公元前2500 年左右。最早的美索不达米亚文明的创造者被认为是苏美尔人。苏美尔人在美索不达米亚南部开掘沟渠，建成复杂的灌溉网，成功地利用了底格里斯河、幼发拉底河的河水，从而创建了古两河流域文明，即人类历史上的第一个文明。

古埃及起源于尼罗河，又叫尼罗河流域文明。尼罗河每年要发洪水，在洪水淹没过的下游两岸，会带来一些上游的泥沙和腐殖质，农民就在河流的两岸耕种，促进了农业的发展。肥沃的新农田每年生产出大量的剩余产品，供给在城市里聚集起来的各种有专门技能的人，促进了城市的快速发展和商业的流通。与苏美尔人不一样的是，埃及人当时已经可以预知每年洪水发生的时间和大小，欣赏洪水给农业生产带来的好处，认为洪水之神是会给每个人带来欢乐的神。

古印度起源于印度河及恒河，大约出现在古两河流域文明 1000 年之后。古印度河的存在，为沿河两岸的游牧民带来了农田灌溉的条件，促进了农业生产的发展。古印度河文明主要是农业文明，生产的农作物主要有小麦和大麦，还有豌豆、甜瓜、芝麻和棉花等，古印度河流域是最早使用棉花织布的。同时，古印度文明在文学、哲学、自然科学等方面都对人类社会作出了贡献。

中国起源于黄河。黄河流域是我们中华民族比较早的文明发祥地。由于黄河的存在，大约 180 万年前，人类就开始在黄河流域生息、繁衍。后来，有蓝田人、大荔人、丁村人、河套人都在黄河流域落脚。大约 6000 年前,在黄土地上出现了以半坡文明为代表的母系氏族文化。在长江流域,河姆渡文化的发现与发掘,使我国成为世界上最早种植水稻的国家之一,说明长江流域也是中华民族古老的文明发祥地。我国历史上关于大禹治水的传说,更进一步说明了中华文化同水的不解之源。

这些文明又称为大河文明,大江大河流域灌溉水源充足,地势平坦,土地相对肥沃,气候温和,适宜人类生存,利于农作物培植和生长,能够满足人们生存的基本需要,故农业往往很发达。农业上的进步提高了粮食的产量,从而促进了人口的增长和存活率,为一个个文明的建立打下了坚实的基础。农业的发展又依赖于灌溉技术上的改革,由于灌溉技术上的提高,导致了粮食上的增收。所以想拥有有效的灌溉农田,就得倚住在大河流域旁,可以想象江河在人类历史进程上的举足轻重地位。

"沧浪之水清兮,可以濯我缨;沧浪之水浊兮,可以濯我足。"中国人爱水,从古代就已显现。夏禹时,中国人就掌握了原始的水利灌溉技术;西周时,中国人就已在部分小流域建成蓄引灌排相得益彰的初级农水体系;先秦时,都江堰、郑国渠等一批重点水利工程的相继建成,保障了中原、川西的发展。尔后,中国的农田水利开始由内陆腹地向全国拓展。西汉前后,中国人就在北方发展了六辅渠、白渠等水利工程,而且,部分灌排工程已开始穿越黄河、长江;魏蜀吴三国时,中国水利继续向江南推进,至唐朝开元盛世之时已遍及全国。新中国成立以来,从中央到地方,都逐渐形成了这样一个共识:水是生命之源、生产之要、生态之基,关系粮食安全、经济安全、生态安全、国家安全。从古到今,一位位先贤巨匠、历史伟人都主动顺意民意,除水患、修水利、兴农桑,水利兴则国家兴、水利强则民族强,成为了一个颠扑不破的历史规律。

1.7.2 湖泊是人类生活的生态系统

湖泊是地球水资源的重要载体。它滋养了文明,润泽着万物,是人类赖以生存和可持续发展的生态依托。湖泊以仅为全球淡水万分之一的水量,以不到全球面积百分之一的水体,提供了全球生态系统服务价值的 40%。不言而喻,湖泊的环境保护在全球环境保护中具有极其重要的地位与意义。然而,在所有的自然生态系统中,湖泊又是最脆弱和最难恢复的生态系统之一。目前世界各地的湖泊几乎都面临着同样的问题,湖泊范围逐渐缩小,水质污染严重,生态功能不断退化萎缩,直接影响着人类的生产和生活。鉴于此,一些国家和世界组织定期召开湖泊会议,探索湖泊保护之途。

2009 年 11 月,以"让湖泊休养生息,全球挑战与中国创新"为主题的第十三届湖泊大会在武汉召开。"让江河湖海休养生息",是综合运用经济社会发展规律和自然规律指导环境保护工作的重要体现,旨在通过给予流域人文关怀,恢复其生态系统的良性循环,为经济社会可持续发展奠定环境基础。具体来讲,就是要牢固树立生态文明观念,促进人水和谐,加快建设资源节约型、环境友好型社会;就是要强调环境的基础地位,以水环境容量确定经济社会发展目标，促进水资源可持续利用，确保国家环境安全；就是要以维护人民群众健康为根本出发点，统筹兼顾，正确处理速度、结构、质量、效益的关系，把保护环境作为优化产业结构、转变经济增长方式的重要手段，使经济社会进入全面协调可持续的科学发展轨道；就是要实行最为严格的污染物排放总量控制制度，充分运用法律、经济和必要的行政手段，综合运用工程、技术、生态方法，加大治理水环境力度，促进水生态系统步入良性循环的轨道，切实保障群众饮水用水安全。

我国有很多著名的湖泊，其中，青海湖，是我国第一大内陆湖泊，也是我国最大的咸水湖；江西鄱阳湖，是世界上七个重要湿地之一，也是我国最大的吞吐性淡水湖；洞庭湖位于湖南省北部，界于湘鄂两省之间，是我国第二大淡水湖，北连长江，南接湘、资、沅、澧四水；太湖是我国东南第一大湖，位于江苏省苏州市西部，地跨苏、浙两省；洪泽湖，是我国第四大淡水湖，位于江苏省西部淮河下游，苏北平原中部西侧，淮安、宿迁两市境内，为淮河中下游结合部；巢湖，是长江水系下游湖泊，位于安徽省中部，由合肥、巢湖、肥东、肥西、庐江二市三县环抱；内蒙古呼伦湖，其方圆八百里，碧波万顷，像一颗晶莹硕大的明珠，镶嵌在呼伦贝尔草原上；纳木错，位于西藏当雄县与班戈县之间，是世界上海拔最高的大湖，纳木错还是西藏著名的佛教圣地，故纳木错是西藏三大"圣湖"之一；色林错，它是藏北草原仅次于纳木错湖的第二大咸水湖，面积有1800多 km²，这里也是申扎、尼玛、班戈三县的交界处；博斯腾湖，位于焉耆盆地东南面博湖县境内，是中国最大的内陆淡水吞吐湖；南四湖，为昭阳湖、独山湖、南阳湖、微山湖四湖的总称，位于苏鲁两省交界处；杭州西湖，位于杭州西部，三面环山，历代文人墨客以诗赞颂之作极多；武汉东湖，位于武汉市东郊，是武汉最广阔优美的风景区，游船、渔舟如织；嘉兴南湖，位于浙江嘉兴城南，1921 年 7 月，中国共产党第一次全国代表大会曾从上海移至这里继续举行；扬州瘦西湖，位于扬州西部，湖光潋滟，园林雅致，犹如一幅山水画卷；济南大明湖，位于济南旧城北郊，这里一湖烟水，人文景点荟萃，是济南最大的游览区；千岛湖，位于浙江淳安县境内，是我国最大的人工湖，1959年建成，湖面约 580km²，湖中大小岛屿 1078 个，故名"千岛湖"。

世界十大著名湖泊分别是：里海、苏必利尔湖、维多利亚湖、休伦湖、密歇根湖、坦噶尼喀湖、贝加尔湖、大熊湖、马拉维湖、大奴湖。里海为世界第一大湖泊，属于咸水湖，面积约 386400km²，相当于全世界湖泊总面积（270 万 km²）的 14％，比著名的北美五大湖面积总和（24.5 万 km²）还大出 51％。其他九大湖泊均为淡水湖。

1.7.3　共同构建海洋命运共同体

对于人类来说，海洋的地位十分重要。地球上，海域总面积达到 3.6 亿 km²，约占地球表面积的 71％。海域是人类从事经济社会活动的重要平台和有力支撑，为生产要素和资源的优化配置提供了广阔空间。海域资源和陆域资源相互补充，形成了特有的产业、产品与服务,为满足人民日益增长的美好生活需要提供了有力保障。此外,海洋还具有特殊的军事、政治、文化、生态等功能。正确科学利用海洋,既能给各国带来益处,又有利于实现人类社会共同发展进步。我国是一个海陆兼备的大国,不仅有 960 万 km^2 的陆地国土,还有着 18000km 的大陆岸线、14000km 的岛屿岸线,6500 多个 $500m^2$ 以上的岛屿和 300 万 km^2 的主张管辖海域。近些年我国海洋经济发展迅速,2018 年海洋经济总量已达 8.3 万亿元,占国内生产总值的 9.3%,而且潜力依然很大。自 1405 年开始,中国航海家郑和率领庞大舟师七下西洋,拉开了中华民族走向远洋的序幕,留下了弥足珍贵的中国印记。2005 年 4 月 25 日,经国务院批准,将每年的 7 月 11 日确立为中国"航海日"。

海洋意识是人类对海洋战略价值和作用的反映和认识。人类的海洋意识是随着科学技术的发展和社会形态的演进而不断变化的。在封建时代的早中期,人类开始形成控制部分海域航行、捕鱼的思想。从 15 世纪开始,人类进入大航海时代,出现了葡萄牙、西班牙、荷兰等海洋强国,形成了割据海洋的局面。世界进入资本主义时代以后,新兴国家要求打破海洋被分割的格局,实现自由航行成为普遍要求。第二次世界大战之后,联合国制定了《联合国海洋法公约》,世界海洋中约 1.09 亿 km^2 的近海被沿海国家划分为管辖海域,2.5 亿 km^2 海域成为公海和国际海底区域。由此,人类的海洋观念和意识也发生了重大变化,形成了海洋国土与"公土"意识、海洋可持续利用意识、海洋强国意识等。海洋意识是一种国家战略意识,世界各国都有自己的海洋意识。美国早期认为海洋是"护城河",统治海洋可以称霸世界,20 世纪中期以后陆续形成了海洋是可持续发展宝贵财富的海洋国土意识。英国认为海洋是财富中心,是贸易通道、资源开发基地和防御的前沿。法国在新世纪形成了全面走向海洋的思想。俄国早期有争夺出海口的思想,20 世纪中期以后形成了海洋富国思想。印度有建设海权国家的意识。

2019 年 4 月 23 日,习近平总书记在青岛集体会见应邀出席中国人民解放军海军成立 70 周年多国海军活动的外方代表团团长时的讲话中指出,"海洋对于人类社会生存和发展具有重要意义。海洋孕育了生命、联通了世界、促进了发展。我们人类居住的这个蓝色星球,不是被海洋分割成了各个孤岛,而是被海洋连接成了命运共同体,各国人民安危与共。海洋的和平安宁关乎世界各国安危和利益,需要共同维护,倍加珍惜。当前,以海洋为载体和纽带的市场、技术、信息、文化等合作日益紧密,中国提出共建 21 世纪海上丝绸之路倡议,就是希望促进海上互联互通和各领域务实合作,推动蓝色经济发展,推动海洋文化交融,共同增进海洋福祉。""构建海洋命运共同体"是构建人类命运共同体思想的重要组成部分,它源于中华民族在 5000 多年文明发展中孕育的中华优秀传统文化和中国特色社会主义伟大实践。"海洋命运共同体"的提出,标志着中国认识海洋进入到新阶段:超越人类不顾气候变化和自然资源枯竭等传统利用海洋、开发海洋的模式,从全球的可持续发展、从包括人类在内的地球生命的角度,均衡、全面地认识海洋,丰富了海洋领域的国际规范，有助于走向真正的海洋全球治理，有助于中国在全球海洋治理中发挥更大的作用。着眼于构建"海洋命运共同体"，应大力推进"21 世纪海上丝绸之路"建设，以此为纽带和载体，深化我国与相关国家乃至全世界的多领域多方位交流合作，使参与国及其人民共享合作交流的成果。

1.8 水之殇：安全之思

水与我们人类生活息息相关，其重要性和重要地位不言而喻，但是，随着人口的增长和社会发展，除了因为地域和气候影响之外，在水的身上也出现了很多人为活动所导致的问题。

1.8.1 水资源短缺

水资源短缺的人为原因关键在于人们的节水意识不强，一方面，因为大多数人总觉得自己身边从来没有断过水，认为水资源短缺离自己很远，于是每天当我们拧开水龙头，肆无忌惮的让干净的自来水哗哗地流走时，似乎我们都习以为常了；另一方面，则是与水价有关，居民用水在我国是一项公益性的公用事业，自来水为政府定价，水价一般比较低，占居民消费支出的比例也比较小。2015 年年底，全国所有城市基本上实现了居民阶梯水价，其基本特点是用水越多，水价越贵，它充分发挥了价格在水资源配置方面的作用，优点是明显的，在一定程度上增强了企业和居民的节水意识，避免了水资源的浪费。阶梯水价也只是一种引导人们节约用水的方式，让多用水者付出更高的代价，促进其节约用水。除了经济手段之外，很多省市也通过制定制度等行政方式为节约用水保驾护航，对促进各行业合理用水和节水减排有着重要的意义。比如，2020 年 5 月 27 日起正式施行湖南省地方标准《用水定额》（DB43/T 388—2020），为湖南打赢打好节约用水攻坚战再添新的"标尺"利器，新修订的《用水定额》分为农业、工业、生活服务业及建筑业三大类，定额产品共计 512 项，其中农业用水定额 23 项，渔业用水定额 1 项，牲畜用水定额是 8 项；工业用水定额覆盖 100 个工业行业中类 412 种产品；生活、服务业及建筑业用水定额覆盖 29 个公共服务行业，68 个定额值。

思考

同学们，既然水的价格可以有助于节约用水，为什么不直接以现在水价 10 倍或者 100 倍来定价？

1.8.2 水生态损害

水生态是生态文明的重要组成部分，是指人类活动遵循人水和谐的理念，保障生态系统良性循环的状态,水生态损害则是人类活动对水生态的破坏,具体表现为三个方面:一是大规模土地开发和城镇化建设侵占河湖水域,导致部分河湖湿地等水生态空间有所减少,河湖受到阻隔,水循环系统不畅,对保障防洪安全、供水安全和生态安全构成一定威胁;二是水资源的过度开发利用造成一些河流出现季节性断流现象,局部地区地下水超采、地下水位下降;三是工业废水、大量的农药及化肥、以垃圾污水为主的生活污水等排放,增加了水体中的有害物质,导致一些河段水体污染加剧,部分区域生物多样性遭到破坏。

城镇化发展是实现社会主义现代化的必由之路,那么在关于处理好城镇化建设和水生态保护上,还有很多的文章可以做。比如,在提升城市排水系统时要优先考虑把有限的雨水留下来,优先考虑更多利用自然力量排水,建设自然积存、自然渗透、自然净化的"海绵城市"等。

1.8.3　水环境污染

水环境污染是我国当前环境污染防治重点问题之一。2020 年生态环境部公布的全国地表水、环境空气质量状况数据中显示:"在 1940 个国家地表水考核断面中,水质优良(Ⅰ~Ⅲ类)断面比例为 84.6%;长江、黄河、珠江、松花江、淮河、海河、辽河等七大流域及西北诸河、西南诸河和浙闽片河流水质优良(Ⅰ~Ⅲ类)断面比例为 88.7%;监测的 110 个重点湖(库)中,Ⅰ~Ⅲ类水质湖库个数占比 78.2%。"由上述数据可以看出,我国水环境整体较好,但是在监测中也发现了个别河流湖泊遭受到污染,如辽河和海河流域等,究其原因,多与我国工业、农业等生产工艺落后和粗放型发展方式有关,辽河的污染主要来自东北地区的造纸企业,海河则流经我国北方重工业最发达的京津塘工业区,而这两条河流的主要污染指标为化学需氧量、高锰酸盐指数和五日生化需氧量。技术领先、装备先进、生产清洁、规模经济、增长持续、循环节约的生态工业、生态农业已成为未来社会发展趋势,发展绿色经济强调"科技含量高、资源消耗低、环境污染少的生产方式",强调"勤俭节约、绿色低碳、文明健康的消费生活方式。"经过多年发展,浙江在生态工业、生态农业建设中走出了一条特色道路,在 2020 年 12 月国家生态环境部批准的全国 10 家生态工业示范园区中,就有浙江省的嘉兴港区,除此外还有芜湖经济技术开发区、珠海高新技术产业开发区、潍坊经济开发区、山东鲁北企业集团、青岛经济技术开发区、昆山高新技术产业开发区、昆明经济技术开发区、天津子牙经济技术开发区、贵阳经济技术开发区。

本　章　小　结

地球表面 70% 以上都是水,水是地球生命的最初之源,也是组成世界万物的最为重要的物质。水的起源有内源说和外源说两种说法,水有三种形态:气态、液态和固态。

水是无色、无味、透明的，水是生命之源、生产之要、生态之基。水存在于江河湖海之中。先贤哲人把水赋予了思想和感情，所以，有思想的水、诗词歌赋中的水是很美的。当前，水资源短缺、水环境污染和水生态损害等水危机给我们敲响了警钟，维护水安全意义重大、影响深远。

作 业 与 思 考

一、单选题

1. 京杭大运河没有经过下列哪一个省份。（　　）

A. 河北　　　　　B. 河南　　　　　C. 山东　　　　　D. 江苏

2. 芍陂是我国古代（　　）流域著名的水利工程。

A. 黄河　　　　　B. 长江　　　　　C. 淮河　　　　　D. 乌江

3. 下列我国古代水利工程中，位于西南地区且至今仍在发挥重要作用的是（　　）。

A. 郑国渠　　　B. 都江堰　　　C. 灵渠　　　　D. 六辅渠

4. 都江堰所体现的文化智慧是（　　）。

A. 天人合一，乘势利导，因地制宜　　　B. 人类要征服自然，改造自然

C. 人定胜天　　　　　　　　　　　　　D. 不断开发利用自然

5. 被称为地下"万里长城"的水利工程是（　　）。

A. 都江堰　　　B. 红旗渠　　　C. 郑国渠　　　D. 坎儿井

6. 红旗渠是从（　　）山腰修建的。

A. 吕梁山　　　B. 泰山　　　　C. 秦岭　　　　D. 太行山

7. 沟通湘水和漓水的是（　　）。

A. 郑国渠　　　B. 都江堰　　　C. 红旗渠　　　D. 灵渠

8. 郑国渠的修筑者是战国时期（　　）国水工郑国，而最大的受益者却是（　　）国。

A. 韩，郑　　　B. 秦，韩　　　C. 韩，秦　　　D. 郑，韩

9. "莫道隋亡为此河，至今千里赖通波"中的"此河"指的是（　　）。

A. 黄河　　　　B. 长江　　　　C. 京杭大运河　　D. 灵渠

10. 都江堰地区童叟传诵的治水三字经中最著名的"分四六、平潦旱"一句，是指都江古堰的（　　）功能。

A. 引水灌溉功能　　　　　　　　B. 水量调配功能

C. 河道清淤功能　　　　　　　　D. 水上运输功能

二、多选题

1. 都江堰的主体工程分为（　　）。

A. 青石堤　　　B. 鱼嘴　　　　C. 飞沙堰　　　D. 宝瓶口

19

2. 红旗渠的文化精神是（　　　）。

A. 立足本地条件、依靠自己力量的自力更生精神

B. 战天斗地、百折不挠的艰苦创业精神

C. 顾全大局、齐心协力的团结协作精神

D. 不计报酬、不怕牺牲的无私奉献精神

3. 水环境的人文功能是（　　　）。

A. 水环境对人的感官产生作用

B. 对现实生活产生的实际效用

C. 影响人的精神世界（心理、情感），以及社会生活的趣味、氛围、品位等

D. 相比于实用功能，其是间接、隐性的，但是同等重要

4. 以下几种说法，认为"水是世界本原"的是（　　　）。

A. 管仲："水者何也？万物之本原，诸生之宗室也。"

B. 泰勒斯也说：万物本原是水。

C. 老子：太一生水。水反复太一，是以成天。天反辅太一，是以成地。

D. "天一生水"

三、填空题

1. 水的属性包括（　　　）、（　　　）和文化属性。

2. 水的自然属性包括随机性和流动性、质量渐变和可再生性、（　　　）。

3. 水的社会属性包括经济性、（　　　）、伦理性和准公共物品性。

4. 把水真正放到哲学层面来看的是（　　　）。

5. 我国最早的一部水利法典是（　　　）。

本 章 参 考 文 献

[1] 陈若颖. 地球之水哪里来 [J]. 百科探秘（航空航天），2020（9）：18 - 19.

[2] 唐凤. 地球之水天上来 [N]. 中国科学报，2020 - 09 - 02（2）.

[3] 跃辉. 冰川和自然环境的相互作用 [J]. 地理译报，1983（2）：62.

[4] 王春华. 世界各国的"水"生意经 [J]. 水资源研究，2011，32（4）：39 - 40.

[5] 佚名. 水是生命之源 [J]. 文明，2019（11）：198 - 201.

[6] 任娟莉. 刍议中国古代灌溉工具 [J]. 湖南农机，2013，40（11）：215 - 216.

[7] 鄂竟平. 弘扬新时代水利精神 汇聚水利改革发展精神力量 [N]. 学习时报，2019 - 09 - 16.

第 2 章

水安全概念及其特性

水是生命之源、生产之要、生态之基，水受到污染或水资源短缺必然会对人的生存、生活，乃至国家生产、生态环境造成"威胁"，使人类社会处于一种"危险"的状态，这就是一种"不安全"。这既是一种水自身的"不安全"，也是国家发展的"不安全"。

2.1 不安全的水与安全的水

2.1.1 不安全的水

2.1.1.1 不安全的饮用水

从饮用水的角度来看，"不安全"的水是对人体有害的水源，例如水中不发挥性物质如钙、镁等重金属成分和亚硝酸盐含量很高；或菌落总数超标等。久饮这种不安全的水，轻则干扰人的胃肠功能；重则导致死亡。

2.1.1.2 不安全的空间水

我国水资源总量丰富，但人多水少，时空分布不均，先天不足的水资源基础条件还将朝着不利的方向演化，当前和未来一个时期水安全情势依然严峻，问题依然突出，矛盾依然尖锐。

（1）我国水资源总量多，人均水资源量少，且海河、黄河、辽河等北方缺水流域的水资源量还将进一步衰减。根据《2020 年中国水资源公报》，2020 年，全国水资源总量 31605.2 亿 m^3，比多年平均值偏多 14.0%，比 2019 年增加 8.8%。其中，地表水资源量 30407.0 亿 m^3，地下水资源量 8553.5 亿 m^3，地下水与地表水资源不重复量为 1198.2 亿 m^3。全国水资源总量占降水总量 47.2%，平均单位面积产水量为 33.4 万 m^3/km^2，2020 年各省级行政区水资源总量见表 2.1。根据《国家人口发展规划（2016—2030 年）》，2030 年我国人口将增至 14.5 亿人，人均水资源量（水资源总量按《2019 年中国水资源公报》结果）为 $1960m^3$，仅为世界平均水平的 22% 左右。受气候变化和人类活动影响，未来我国海河、黄河、辽河等北方缺水流域的水资源量还将进一步衰减，人口进一步增长，水资源压力进一步增大。

表 2.1   2020 年各省级行政区水资源总量

省级行政区	降水量 /mm	地表水资源量 /亿 m³	地下水资源量 /亿 m³	地下水与地表 水资源不重复量 /亿 m³	水资源总量 /亿 m³
全国	706.5	30407	8553.5	1198.2	31605.2
北京	560	8.2	22.3	17.5	25.8
天津	534.4	8.6	5.8	4.7	13.3
河北	546.7	55.7	130.3	90.6	146.3
山西	561.3	72.2	85.9	42.9	115.2
内蒙古	311.2	354.2	243.9	149.7	503.9
辽宁	748	357.7	115.2	39.4	397.1
吉林	769.1	504.8	169.4	81.4	586.2
黑龙江	723.1	1221.5	406.5	198.5	1419.9
上海	1554.6	49.9	11.6	8.7	58.6
江苏	1236	486.6	137.8	56.8	543.4
浙江	1701	1008.8	224.4	17.8	1026.6
安徽	1665.6	1193.7	228.6	86.7	1280.4
福建	1439.1	759	243.5	1.3	760.3
江西	1853.1	1666.7	386	18.8	1685.6
山东	838.1	259.8	201.8	115.5	375.3
河南	874.3	294.8	185.8	113.7	408.6
湖北	1642.6	1735	381.6	19.7	1754.7
湖南	1726.8	2111.2	466.1	7.6	2118.9
广东	1574.1	1616.3	399.1	9.7	1626
广西	1669.4	2113.7	445.4	1.1	2114.8
海南	1641.1	260.6	74.6	3	263.6
重庆	1435.6	766.9	128.7	0	766.9
四川	1055	3236.2	649.1	1.1	3237.3
贵州	1417.4	1328.6	281	0	1328.6
云南	1157.2	1799.2	619.8	0	1799.2
西藏	600.6	4597.3	1045.7	0	4597.3
陕西	690.5	385.6	146.7	34	419.6
甘肃	334.4	396	158.2	12	408
青海	367.1	989.5	437.3	22.4	1011.9
宁夏	309.7	9.0	17.8	2.1	11
新疆	141.7	59.6	503.5	41.4	801

注   1. 地下水资源量包括当地降水和地表水及外调水入渗对地下水的补给量。

      2. 本表摘自《2020 年中国水资源公报》。

（2）水资源量在时间上分布极不均衡，且有进一步加剧的趋势。我国大部分地区夏季降水占全年的40%~65%，北方地区降水更为集中，其中海河区最大，接近70%，松花江和辽河也达65%。另外，受季风气候的影响，我国很多地区降水的年际变化较大。西北地区年降水极值比大多超过10；东北大部分地区一般为2~4，个别地区达4~6；华北地区一般为3~6，局部地区超过6。我国各地区普遍存在连丰和连枯现象，其中北方尤为明显。受气候变化和人类活动影响，暴雨径流的年际、年内变幅进一步加剧，江河源区冰川积雪退化造成西北河川径流自然调节能力进一步下降，城市内涝、冰冻雪灾等南方极端水文事件发生频率还将进一步提高。

（3）水资源量在空间上分布极不均衡，与我国人口、耕地、能源等自然资源不相匹配。空间上，我国水资源量由南向北，由沿海向内陆逐渐递减。长江流域及其以南地区土地面积只占全国的36%，其水资源量占全国的81%，单位水资源-土地面积基尼系数大于0.5，处于极不匹配的状态。另外，我国水资源与人口、土地、能源资源呈逆向分布的特点。北方地区以19%的水资源量承载着47%的人口、65%的耕地和约80%的煤炭储量。

从防汛抗旱的角度来看，水安全事关人民群众生命财产安全、事关经济社会发展大局。2021年7月17日至25日河南省郑州、漯河、开封、新乡、鹤壁、安阳等地暴发的持续性强降水天气，此轮强降雨造成河南全省133个县（市、区）1306个乡（镇）757.9万人受灾，因灾死亡57人、失踪5人，直接经济损失819.73亿元。

2.1.1.3 不安全的环境水

从水环境、水生态的角度来看，"不安全"的水包括了河流湖泊污染、水系的水生动植物多样性急剧减少等。以长江为例，长江是世界上水生生物多样性最为丰富的河流之一，滔滔江水哺育着4300多种水生生物，鱼类有424种，其中特有鱼类183种。统计资料显示："虽然各方积极推进保护长江水生生物多样性，但长期以来由于不合理的开发利用，长江生态系统遭到严重破坏。白鳍豚数量急剧减少，江豚非正常死亡，长期捕捞中华鲟野生亲鱼进行人工增殖，累计放流600万尾，最终其数量规模并没有因为人工繁殖而增加，物种可持续生存只能寄希望于自然产卵场形成、野生种群扩大。"

思考

同学们，你们怎么理解：水不安全，谁安全？

2.1.2 安全的水

与不安全的水相对应的便是"安全的水"。

2.1.2.1 安全的饮用水

从饮用水的角度来看，我国早在1985年就出台了《生活饮用水卫生标准》，并于

2006 年年底对该标准进行了修订，自 2007 年 7 月 1 日起全面实施。在《生活饮用水卫生标准》（GB 5749—2006）中，规定了微生物指标、饮用水消毒剂、毒理指标等 106 项水质指标，可以说是涵盖了饮用水中各种可能影响健康的因素。中国国家卫生健康委员会计划联合有关部委开展《生活饮用水卫生标准》的第 3 次修订工作。

2.1.2.2　安全的空间水

从水资源总量和分布来看，优化水资源配置，解决水资源需求与供给之间的不平衡问题是未来必须要面对的现实问题，为此，我国一方面立足流域整体和水资源空间均衡配置，加强跨行政区河流水系治理保护和骨干工程建设，强化大中小微水利设施协调配套，提升水资源优化配置和水旱灾害防御能力。另一方面，坚持节水优先，完善水资源配置体系，建设水资源配置骨干项目，加强重点水源和城市应急备用水源工程建设。国家水网骨干工程见表 2.2。

表 2.2	国 家 水 网 骨 干 工 程

国 家 水 网 骨 干 工 程

01　重大引调水
推动南水北调东中线后续工程建设，深化南水北调西线工程方案比选论证。建设珠三角水资源配置、渝西水资源配置、引江济淮、滇中引水、引汉济渭、新疆奎屯河引水、河北雄安干渠供水、海南琼西北水资源配置等工程。加快引黄济宁、黑龙江三江连通、环北部湾水资源配置工程前期论证。

02　供水灌溉
推进新疆库尔干、黑龙江关门嘴子、贵州观音、湖南犬木塘、浙江开化、广西长塘等大型水库建设。实施黄河河套、四川都江堰、安徽淠史杭等大型灌区续建配套和现代化改造，推进四川向家坝、云南耿马、安徽怀洪新河、海南牛路岭、江西大坳等大型灌区建设。

03　防洪减灾
建设雄安新区防洪工程、长江中下游崩岸治理和重要蓄滞洪区、黄河干流河道和滩区综合治理、淮河入海水道二期、海河河道治理、西江干流堤防、太湖吴淞江、海南迈湾水利枢纽等工程。加强黄河古贤水利枢纽、福建上白石水库等工程前期论证。

从防汛抗旱的角度来看，据《中华人民共和国国民经济和社会发展第十四个五年规划和 2035 年远景目标纲要》，要大力实施防洪提升工程，解决防汛薄弱环节，加快防洪控制性枢纽工程建设和中小河流治理、病险水库除险加固，全面推进堤防和蓄滞洪区建设。重点进行"强库""固堤""扩排"等三类，根据中小流域防洪需求完善堤防加固，加快建成各级保护区防洪封闭圈。同时，开展山洪沟防洪治理和山洪灾害防治非工程措施建设，不断提高流域、区域的防洪减灾能力。"十四五"期间我国计划实现县级以上城市防洪标准为 20 至 50 年一遇及以上；1 万亩以上成片农田防洪标准 10 至 20 年一遇。

2.1.2.3　安全的环境水

从水环境、水生态的角度来看，就是要加强水源涵养区保护修复，加大重点河湖保护和综合治理力度，恢复水清岸绿的水生态体系。

2.2　水安全的概念及其战略

关于水安全的研究，可以追溯到 21 世纪之初。2000 年，世界各国在斯德哥尔摩召开了"水讨论"研讨会，将水安全定义为：今后在先进科学及时的支持下，水系统能够促进经济社会的健康与稳定发展，确保生态系统实现良性循环，这就是水安全状态。同年，在第二届世界水论坛及部长级会议上，把水安全进一步进行了细化，提出了"四个确保"，即确保淡水、海岸和相关的生态系统得到保护和改善；确保可持续发展和政治稳定得到加强；确保人人都能够以可承受的开支获得足够安全的淡水；确保能够避免遭受与水有关的灾难的侵袭。2001 年，在波恩国际淡水会议上，与会专家把水安全与可持续发展以及社会公平联系起来，充实了水安全的内涵。联合国教科文组织在水安全上作出了如下定义：水资源能够实现人类的健康发展，为流域健康发展提供可靠保障，防止为人类生活与社会发展带来不利因素，这样水资源才更加安全。我国关注水安全几乎与世界同步，从 2004 年开始，大量的学者和专家提出了自己的观点，如有人认为水安全是指人人都有获得安全用水的设施和经济条件，所获得的水满足清洁和健康的要求，满足生活和生产的需要，同时可使自然环境得到妥善保护的一种社会状态。学者们对于定义的依据基本上体现在以下几点：一是站在资源安全上对水安全问题进行分析，提出水安全就是维持水资源的安全；二是人类活动是引起水安全问题的一个重要原因；三是在水安全研究领域中开始涉及粮食、生态和经济等方面的安全；四是认为水安全关系着可持续发展，这是水安全的一个重要目标。水安全是一个全新的概念，属于非传统安全的范畴。

综合不同学者的研究视角，我们可以得出一个关于水安全的基本概念：一个国家或地区可以持续、稳定、及时、足量和经济地获取所需水资源的状态，具体表现在水旱灾害总体可控、城乡用水得到有效保障、水生态系统基本健康、水环境状况达到优良、涉水重大安全风险可有效应对、其他重要涉水事务相对处于没有危险和不受威胁的状态，这都是国家安全的重要组成部分。

2021 年，我国水利部提出了"以国家水网建设为核心，提升国家水安全保障能力"的"十四五"发展目标，本着"节水优先、空间均衡、系统治理、两手发力"的治水思路，将以建设水灾害防控、水资源调配、水生态保护功能一体化的国家水网为核心，加快完善水利基础设施体系，解决水资源时空分布不均的问题，提升国家水安全保障能力，从防洪安全、供水安全、生态安全、水安全管理四个方面构建了我国的水安全发展战略。

2.2.1　防洪安全方面

"十四五"期间，国家将坚持人民至上、生命至上，全面分析防洪的自然风险、工程

25

风险和管理风险，注重事后处置向风险防控转变、从减少灾害损失向降低安全风险转变，根据国家现代化建设阶段性要求和水利发展的客观规律，明确大范围流域性、区域性洪水的防灾底线和局部性、突发性洪水的防灾底线。在此基础上，谋划防洪安全风险综合应对和管控措施，提供战略举措。一是消"隐患"，针对防洪薄弱环节和短板领域提出综合应对措施，特别是对存在安全风险的病险水库、河道堤防、水闸、淤地坝等病险水利设施消险。二是强"弱项"，按照相关规划和标准要求，进一步完善大江大河大湖防洪体系，提升中小河流防洪和山洪灾害防治能力、重点涝区和城市排涝能力。三是提"能力"，分析区域经济社会发展和保护对象空间布局出现的新变化新情况，坚持新建工程和现有工程升级改造并重，推进水利工程达标改造和提质升级。四是强"监控"，坚持以防为主，清除河湖"四乱"，保证行洪河道畅通，完善水文监测预警和防洪调度，建立以防洪安全为核心的水安全风险监控预警机制。

2.2.2 供水安全方面

"十四五"期间，国家将把支撑保障国家现代化建设的供水安全作为重要底线。具体措施上，一是先"节水"，把节水作为解决我国水资源短缺问题的根本之策和革命性措施，放在优先位置，推进全社会节水，提高每一滴水的使用效率和效益。二是保"底线"，明确不同区域、不同时段城乡居民饮用水安全标准，确保饮用水绝对安全。进一步提升农村饮水安全保障能力，因地制宜推进城乡供水一体化，对分散型供水设施进行标准化建设。围绕保障国家粮食安全，强化灌溉体系和设施建设，改善耕地灌溉条件，提高灌溉保证率，确保我们的饭碗牢牢端在自己手里。三是增"供水"，围绕经济社会对供水安全保障需求，结合水资源条件，实施重大引调水、重点水源等工程建设，加大非常规水源利用，完善国家、区域供水格局，提高水资源优化配置能力。四是强"应急"，加强城市应急备用水源，以及中西部地区、贫困地区等地区抗旱应急水源建设，提高应对重大灾害和突发水安全事件的能力。

2.2.3 生态安全方面

"十四五"期间，国家将围绕水生态空间得到有效保护、水土流失得到有效治理、河湖生态水量有效保障、水生物多样性逐步恢复的总体目标，制定综合管用措施，守住水生态安全底线，并不断改善水生态健康状况。一是加强水生态空间保护。科学划定各类涉水空间范围和水生态保护红线边界，明确功能定位和主要用途，强化涉水空间管控与保护，确保涉水空间面积不缩小、数量不减少、功能不降低。二是切实保障河湖生态流量（水位）。分区分类确定河湖生态流量（水位）目标，根据不同河流生态系统特点，分别确定基本生态流量（水位）和涉水工程枯水期、生态敏感期等不同时段最小下泄生态流量和生态水位控制要求。加强河湖生态调度，适时适度实施流域性、区域性生态补水，改善北方及水资源过度开发地区的河湖生态状况。三是推进水生态治理与修复保护。要从生态系统整体性出发，做好水资源水生态水环境承载能力评价，系统梳理和掌握重点河湖和重点地区水生态安全风险，研究提出水生态治理与修复保护行动方案。以流域为单元，采取综合措施，增强水源涵养能力，退还和保障河湖基本生态流量，改善水环境状况，开展重点河湖综合治理和生态保护修复；以重点区域为单元，以有效预防人为水土流失和科学推进水土流失综合治理为目标，采取预防、监测和治理措施，加强水土流失综合防治。同时，加强以华北地区为重点的地下水保护和超采区治理，逐步实现地下水采补平衡。

2.2.4　水安全管理方面

"十四五"期间，我国将推动水利重点领域和关键环节改革。一是完善监管法制体制机制，建立健全监管制度体系，加快完善监管法规体系，建立健全监管体制机制，创新监管手段，提升监管效能。二是强化江河湖泊监管，持续改善河湖面貌。深入实施河长制湖长制，划定水域生态空间，统筹解决各类水问题，维护河湖健康生命。三是强化水资源监管，促进水资源节约集约利用。强化水资源刚性约束，严格用水总量控制和定额管理，全面加强水资源节约、开发、利用、保护、配置、调度等各环节监管。四是强化水利工程监管，充分发挥工程综合效益。重点加强水利工程建设和水利工程安全运行方面的监管。五是强化水土保持监管，提升水土保持社会管理和服务水平。充分运用高新技术手段开展水土流失监测，全面监管水土流失状况和生产建设活动造成的人为水土流失情况。六是强化水旱灾害防御监管，增强水灾害防御软实力。开展水旱灾害风险调查和重点隐患排查、水旱灾害防御方案预案编制，加强洪水、墒情监测和预警预报，加强水旱灾害防御知识宣传教育。七是强化水行政执法，维护水法权威。

2.3　水安全的特性

水的可再生性是实现水安全的基本前提，实现水安全就是要使水的消耗量小于或大致等于其自然恢复再生的能力。从这一点看，水安全具有明显的整体性、综合性、关联性和长期性。

2.3.1　水安全的整体性

整体性是指以流域或区域为单元，将流域内自然条件、生态系统和环境、自然资源、社会经济等视为一个不可分割的整体，进行水资源开发和社会经济的综合规划。以黄河流域水的综合开发利用为例，2020年5月，财政部、生态环境部、水利部和国家林草局制定印发《支持引导黄河全流域建立横向生态补偿机制试点实施方案》，以深入贯彻黄河流域生态保护和高质量发展座谈会及中央经济工作会议精神，加快推动黄河流域共同抓好大保护、协同推进大治理。具体措施包括了中央财政安排引导资金、鼓励地方加快建立多元化横向生态补偿、生态环境大数据共建共享等方式，来推进黄河流域生态环境治理体系和治理能力进一步完善和提升。

2.3.2　水安全的综合性

综合性主要是指水的开发利用中的防洪、发电、灌溉、航运、供水、生态系统、旅游等的综合作用应与社会、经济、生态发展相适应。早期水的开发利用，往往以经济效益为目标函数，并试图使其达到最佳。现在，经济效益最佳并不是唯一的目标，要在获取较高的经济效益的同时，保障社会健康发展，保证生态环境的良性运行。例如，我国长江流域，流域面积达 180 万 km^2，横跨不同的自然地理地带，沿江有方方面面的水资源开发利用问题，如何使其与社会经济环境综合协调是长江流域水安全研究的关键问题之一。

2.3.3　水安全的关联性

关联性主要是指水的开发利用与相邻流域或者是全国生态环境、资源开发、社会经济发展的相互关系。例如，跨流域调水问题，其目的当然是给缺水地区补充水源，使缺水地区工农业生产和居民生活能够健康发展，但同时也要考虑水安全问题，如这种调水是否会对调出水区的生态环境、经济发展造成影响以及造成什么样的影响，调水是否会对调水沿线地区的水资源状况、土壤、地下水造成不利影响，这都需要通盘考虑。

2.3.4　水安全的长期性

关于水安全的长期性问题，往往被人们所忽略，因此，在认识水治理的长期性和艰巨性的基础上，科学地制定水的开发利用和保护的综合战略，为维护水安全和中华民族长期的生存与发展创造环境。以我国太湖治理为例，太湖是中国五大淡水湖之一，也是沿湖地区的重要水源地，从 1990 年开始至 2021 年，太湖治理前前后后花费了 31 年，但仍然还有很多问题没有解决，太湖流域生活污水和农业面源逐渐成为主要污染源，进一步提高污水处理标准和控制农业面源污染任务艰巨。特别需要引起重视的是，太湖流域经济总量继续大幅提高是必然趋势，但如果经济发展方式不能及时转变，污染物排放总量将随之进一步增加，改变太湖水质将面临更大的困难和矛盾。

2.4　水安全战略的重要意义

《中华人民共和国国家安全法》第二条："国家安全是指国家政权、主权、统一和领土完整、人民福祉、经济社会可持续发展和国家其他重大利益相对处于没有危险和不受内外威胁的状态，以及保障持续安全状态的能力。"维护国家安全的核心是维护国家核心利益和其他重大利益的安全，包括国家政权、主权、统一和领土完整、人民福祉、经济社会可持续发展以及国家其他重大利益的安全。《大中小学国家安全教育指导纲要》指出国家安全主要包括政治安全、国土安全、军事安全、经济安全、文化安全、社会安全、科技安全、网络安全、生态安全、资源安全、核安全、海外利益安全以及太空、深海、极地、生物等不断拓展的新型领域安全。其中生态安全包括水、土地、大气、生物物种安全等方面，是人类生存发展的基本条件。维护生态安全必须践行"绿水青山就是金山银山"理念，加强综合治理，筑牢国家生态安全屏障。

2.4.1 水安全决定经济安全

经济安全是我国国家安全的基础，包括资源安全、金融安全、产业安全和财政安全，而水安全与其中的资源安全和产业安全有着直接和密切的联结。资源安全包括水安全、能源安全、耕地安全、生物安全、海洋安全等，而水安全是其他类型资源安全的基本保障。产业安全包括农业安全、工业安全、建筑业安全和服务业安全等，而农业安全和工业安全都有赖于水安全。根据中华人民共和国水利部发布的《2020 年中国水资源公报》显示：2020 年全国城镇和农村居民生活用水占用水总量的 10.7%，生产用水占 84.0%，人工生态环境补水占 5.3%。在生产用水中，第一产业用水占用水总量的 62.2%，第二产业用水占 17.7%，第三产业用水占 4.1%。从原材料加工到产品自身，几乎所有工业过程都要用水。因此，水安全是经济安全的基本组成部分，也是经济安全的决定因素。

2.4.2 水安全决定能源安全

能源是现代化的基础和动力，能源安全事关我国现代化建设全局。能源安全是指能源得到"可靠和连续供应免受内外威胁的一种保障状态"，表明一国能源供给比较稳定或相对满足。能源安全是经济安全的重要组成部分，也是产业安全的保障，因为工农业和服务业发展需要稳定的电力、燃料等能源供应。根据国务院 2014 年《能源发展战略行动计划（2014—2020 年)》和《"十三五"规划纲要》第三十章"建设现代能源体系"，确保能源安全是我国的基本战略。水与能源存在高度的联结，能源生产和供应需要水，而水的收集、处理、运输和配送系统也需要能源带动。但是就战略地位而言，水安全大于能源安全。因为水是无可替代的，而能源供应有多种选择，包括煤、石油、天然气、核能等化石能源，水能、风能、太阳能、生物质能、地热能、海洋能等非化石能源或可再生能源；而且，各种能源的生产都离不开水，没有水就没有能源。因此，我国的水安全决定能源安全。能源供应的主体是电力供应，而电力部门是水密集行业。我国电力部门的用水总量大约是我国当年用水总量的 10%，是除了农业部门之外最大的用水部门。我国电力供应的主体是火力和水力发电，这两者高度依赖水：火电是为了用水冷却和驱动蒸汽涡轮机，水电则是用水来驱动水轮机。自2013年以来，我国的火电和水电装机与发电量占比分别为70%左右和20%强，意味着我国发电量的90%左右依赖于水。其中，火力发电的用水量占工业用水总量的40%以上，是最大的工业用水户和能源用水户。

2.4.3　水安全决定粮食安全

一般而言，粮食安全是指粮食供给或粮食数量的安全，但为了全面确保公众健康，粮食安全还应当包括粮食质量安全。我国把农业放在发展国民经济的首位，农业发展的核心任务是确保粮食安全，粮食安全是我国的基本战略，实现粮食自给是我国最优先的政策目标。粮食安全的前提或保障之一是水安全，因为粮食的数量和质量安全需要充足的、且满足一定水质要求的灌溉用水供应。事实上，灌溉用水量占我国农业用水总量的90%，占全国用水总量的近60%，是名副其实的用水大户。

2.4.4　水安全关乎生态安全

生态安全是指生态系统本身的安全。水生态系统需要充足的水量和较清洁的水质，因此，水是维持水生态系统所必需的要素，是生态系统的关键因子，水质和水量关乎生态平衡，水安全关乎生态安全。水生态系统是由水生生物群落与水环境共同构成的具有特定结构和功能的动态平衡系统，这种平衡维持着正常的生物循环，一旦排入水体的废物超过其维系平衡的"自净容量"时，生态系统就会失衡，不仅会威胁各水生生物群落的生存，也威胁到人类的生存和发展，这是因为生态系统向人类提供着供给服务、调节服务、文化服务、支持服务等各种服务。

2.4.5　水安全关乎国民安全

国民安全是指组成国家的基本要素——人民的生命、健康、财产、日常生活等方面不受威胁的状态。国民安全是国家安全核心的构成要素，是一切国家安全保障活动和国家安全工作的根本目的。水安全关乎国民安全，因为城乡居民生活用水占我国用水总量的12%左右。城乡居民生活用水是指满足人类基本需求的用水，每人每天对水量的基本需求约40~50升。城乡居民用水的可得性关系到人类生存及其尊严，尤其是饮用水，对水质要求比较高。充足的、清洁的饮用水是每个公民健康生存的根本条件之一，因此，确保饮用水安全是确保水安全的基本内容之一。

思考

同学们，你们觉得水安全的战略的意义还有哪些？

拓展阅读

习近平治水格言

党的十八大以来，习近平同志就保障国家水安全问题发表了重要讲话。讲话站在党和国家事业发展全局的战略高度，精辟论述了治水对民族发展和国家兴盛的极端重要性，深刻分析了当前我国水安全的严峻形势，系统阐释了保障国家水安全的总体要求，明确提出了新时期治水的新思路，为我们强化水治理、保障水安全指明了方向。

愚公移山、大禹治水，中华民族同自然灾害斗了几千年，积累了宝贵经验，我们还要继续斗下去。

——2020 年 8 月 18 日，

习近平到安徽省考察调研时指出

这个斗，要尊重自然，顺应自然规律，与自然和谐相处。

——2020 年 8 月 18 日，

习近平到安徽省考察调研时指出

切实落实防汛抗洪责任制，科学精准预测预报。突出防御重点，全力保障人员安全。强化军民联防联动机制。抓紧谋划灾后水利建设。

——2016 年 7 月 20 日，

习近平就防汛抗洪抢险救灾工作提出"六大要求"

防洪救灾关系人民生命财产安全，关系粮食安全、经济安全、社会安全、国家安全。

——2020 年 7 月 17 日，

习近平在中央政治局常委会会议上强调

治水要从改变自然、征服自然转向调整人的行为、纠正人的错误行为。

——2014 年 3 月 14 日，

习近平关于保障水安全讲话

节水优先、空间均衡、系统治理、两手发力。

——2014 年 3 月 14 日，

习近平提出"十六字"治水思路

要通盘考虑重大水利工程建设：论证重大工程要把握好大的原则，就是要确有需要、生态安全、可以持续，不能为了建工程而建工程，要兼顾各种关系。

——2014 年 3 月 14 日，

习近平关于保障水安全讲话

本 章 小 结

　　水安全的重要意义不言而喻。早在 2014 年，习近平总书记就指出："我国水安全已全面亮起红灯，高分贝的警讯已经发出，部分区域已出现水危机。河川之危、水源之危是生存环境之危、民族存续之危。水已经成为了我国严重短缺的产品，成了制约环境质量的主要因素，成了经济社会发展面临的严重安全问题。"（《在中央财经领导小组第五次会议上的讲话》2014 年 3 月 14 日）可见，保障水安全是治国大事，关系民族存续，为此党中央把水安全上升为国家战略，尤其是在国家"十四五"规划中，把水安全放在国家现代化建设的全局中谋划，从防洪、供水、生态、管理等方面提出了水安全风险综合应对和管控措施，致力于解决国家水安全的根本性、全局性、长远性问题。

作 业 与 思 考

1. 什么是水安全？

2. 水安全有哪些特征？

3. 我国水安全战略的构成及其意义是什么？

本 章 参 考 文 献

[1]　加强长江水生物多样性就地保护 [N]. 中国环境报，2016 - 02 - 23.

[2]　水利部. 最全水利内容速览！"十四五"规划和 2035 年远景目标纲要发布 [EB/OL]. （2021 - 03 - 13）[2021 - 11 - 01] https：//weibo. com/ttarticle/p/show？id＝2309404614327314284623.

[3]　界面新闻. 太湖治理 28 年：蓝藻像癌症，无锡猛吃药｜四十年再出发·环保 [EB/OL] 界面新闻 （2018 - 10 - 18）[2021 - 11 - 01] https：//baijiahao. baidu. com/s？id＝16137173376661991382&wfr ＝spider&for＝pc.

[4]　苏玉明. 加强水安全管理提供水安全保障 [J]. 水利发展研究，2019，19（11）：8.

[5]　邵青. 水安全：原则、视角和实践（节选）翻译实践报告 [D]. 郑州：华北水利水电大学，2020.

[6]　胡松，梁虹，舒栋才，等. 我国水安全研究现状及展望 [J]. 水科学与工程技术，2010（3）：19 - 21.

[7]　杨光明，孙长林. 中国水安全问题及其策略研究 [J]. 灾害学，2008（2）：101 - 105.

[8]　龚静怡. 水安全的研究进展及中国水安全问题 [J]. 江苏水利，2005（1）：28 - 29.

[9]　李泽红，汤尚颖，许志国. 水资源安全的内涵及其评价——以湖北省为例 [J]. 安全与环境工程，2005（4）：38 - 41.

第 3 章

水安全的构成

水安全是一种状态，其价值在于对流域或区域的服务功能，以可持续发展及社会公平为原则，在可预见的技术、经济和社会发展水平等服务条件下，服务于经济社会的健康稳定发展和生态系统的良性循环，以确保淡水、河网、海岸和相关的生态系统得到保护和改善；确保人人都能够以可承受的开支获得足够安全的淡水；确保能够避免遭受与水有关的灾难的侵袭；确保可持续发展和政治稳定得到加强。

我国当前面临着新老水问题，老问题，就是气候环境决定的水时空分布不均以及由此带来的水灾害；新问题，主要是水资源短缺、水生态损害、水环境污染。我国水安全已全面亮起红灯，高分贝的警讯已经发出，部分区域已出现水危机。河川之危、水源之危，已成为生存环境之危、民族存续之危。

水资源是现代经济社会发展的战略资源，支持了经济社会的发展，因此，水资源的合理开发利用十分重要，既是实现经济社会可持续发展的重要内容，又是可持续发展理论在水资源层面的重要理论应用。生活离不开水，但随着水灾、水质污染和缺少等水资源问题频发，水资源安全问题不容忽视，建立健全的水资源保护体系关系到国民经济和社会的可持续发展。水资源的合理开发和利用必须考虑可持续发展问题，实现既要满足当代的需求，又不影响和损害到后代人的目标。

水资源安全是指在一定的流域或区域内，以可预见的技术、经济和社会发展水平为依据，以可持续发展为原则，水量和水质能够持续支撑经济社会发展规模的状态。水资源安全是水资源管理的核心内容与终极目标，直接关系到群众生活和经济社会发展的需要。从水资源的自身属性考虑，水资源安全的内涵应包括水量安全、水质安全和供水系统应急保障能力三个方面，国家或区域利益不因供水灾害、干旱缺水、水质污染、水环境破坏等造成严重损失，水资源的自然循环过程和系统不受破坏或严重威胁。

如果水资源系统恰好能够支撑经济社会系统，两者会处于一种平衡的状态［图 3.1（a）］，此时的经济社会状态便是水资源所能支撑的最大规模，也即水资源承载力，在此状态下，人类在水资源开发利用过程中可能会对生态环境造成一定的破坏，但是由于自然生态系统的自我修复与调节能力，人为的或自然因素的这种干扰和影响是在一定的弹性区间内，水资源系统、生态系统与社会经济系统之间能够维持一种相互"压迫"的再

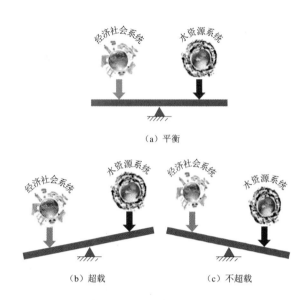

图 3.1　水资源系统对经济社会系统的支撑情况

平衡状态；如果水资源系统无法支撑经济社会系统，水资源系统就会处于一种超载状态 [图 3.1 (b)]，将会对生态环境系统造成一定的负面影响，很难恢复到原来的状态；如果水资源系统可以支撑经济社会系统，水资源系统就会处于一种可承载状态 [图 3.1 (c)]，这种状态有利于生态环境系统的良性循环。

根据新时代水安全的定义及水资源安全的概念，水安全具体可包括 6 个方面，即水旱防御安全、城乡用水保障安全、水生态安全、水环境安全、水工程安全及水管理安全。

3.1　水旱防御安全

2018 年 4 月大气中二氧化碳（CO_2）的含量上升到一个新的里程，达到 410ppm。夏威夷 Mauna Loa 站，是全球最早建立的大气基准观测站之一，自 1958 年连续 60 余年每日观测大气 CO_2 浓度，CO_2 浓量在 1958 年开始观测时仅为 315ppm。如果以目前的速度持续增长，36 年后大气中 CO_2 的浓度将达到 500ppm，500ppm 是一个威胁人类生存的数值。

人类活动排放到大气中的 CO_2 是引起全球气温变暖的头号温室气体。温室气体是地球的"棉袄"，可以将太阳能截留在大气层中，使地球的温度适宜以支撑生命的存在。但人类活动产生了过剩的 CO_2，增加了"棉袄"的厚度，导致全球气温持续升高，极端气候事件风险加剧。

全球气温每增加 1K（1K≈273℃），大气中水蒸气含量增加 7％。大气中湿度的增加引起极端降水强度的增加。增加的雨强可导致洪涝事件的发生，而升高的气温可引发干旱。洪涝和干旱是人类最关心的两种水文极端现象。

3.1.1　防洪安全

防洪安全是指根据洪水规律与洪涝灾害特点，在可预见的技术、经济和社会服务水平等条件下，采取的各种防洪对策和措施能够防止或减轻洪涝灾害，保障各类防洪保护对象的安全，保障社会经济的可持续发展和社会稳定。

3.1.1.1 洪涝灾害的概念

洪水具有等级划分，一般洪水是指重现期小于 10 年的洪水，较大洪水是指重现期为 10~20 年的洪水，大洪水是指重现期为 20~50 年的洪水，特大洪水是指重现期超过 50 年的洪水。

水灾即指洪涝灾害。洪涝灾害包括洪水灾害和涝灾。洪水灾害是指水流超出河道的天然或人工限制，从而危及人民生命财产安全，泛滥淹没田地和城乡所引起的现象；涝灾则指因长期大雨或暴雨产生的积水和径流，淹没低洼土地所造成的灾难。

洪涝灾害具有双重属性，既有自然属性，又有社会经济属性。它的形成也须具备自然和社会经济两方面条件。

1. 自然条件

自然条件主要包括气候异常和降水集中、量大两个条件。中国降水的年际变化和季节变化大，一般年份雨季集中在 7、8 两个月。中国是世界上多暴雨的国家之一，这是产生洪涝灾害的主要原因。洪水是形成洪水灾害的直接原因。只有当洪水自然变异强度达到一定标准，才可能出现灾害。影响洪涝灾害的主要因素有地理位置、气候条件和地形地势。

2. 社会经济条件

只有当洪水发生在有人类活动的地方才能成灾。受洪水威胁最大的地区往往是江河中下游地区，而中下游地区因其水源丰富、土地平坦又常常是经济发达地区。

3.1.1.2 洪涝灾害的分类

1. 根据诱因及成灾环境分类

根据诱因及成灾环境的区域特点，洪涝灾害可分为溃决型、漫溢型、内涝型、蓄洪型、山洪型以及风暴潮海啸型六种。

（1）溃决型：堤防或大坝因自然或人为因素发生溃决而引发的洪水灾害，主要特点为突发性强，来势凶猛，破坏力大。

（2）漫溢型：由于水位高于堤顶，水流漫溢淹没周围地势低洼区域而造成的洪涝灾害，主要特点为洪灾严重程度受地形影响较大，水流扩散速度慢。

（3）内涝型：由于超标准降雨无法及时排泄，进而引起大面积积水的洪涝灾害，主要特点为多发生在湖群分布广泛的地区。

（4）蓄洪型：蓄洪区由于河道来水过大难以及时排除而被迫启用，进而导致的人为空间转移性洪涝灾害，主要特点为其人为干预性强。

（5）山洪型：山区河流由于暴涨暴落而导致的突发性洪涝灾害，主要特点为突发性强，来势凶猛且破坏力大。

（6）风暴潮海啸型：由台风或海啸引发并造成堤岸决口、海潮入侵或海水倒灌的洪涝灾害，主要特点为发生在海陆交接的海岸带，摧毁力较大。

2. 根据洪涝灾害发生区域分类

根据洪涝灾害发生区域的尺度，可分为农田洪涝灾害、城市洪涝灾害和流域洪涝灾害。

（1）农田洪涝灾害主要包括洪水、涝害、湿害三种。

1）洪水：大雨、暴雨引起山洪暴发、河水泛滥、淹没农田、毁坏农业设施等。

2）涝害：雨水过多或过于集中或返浆水过多造成农田积水成灾。

3）湿害：洪水、涝害过后排水不良，使土壤水分长期处于饱和状态，作物根系缺氧而成灾。

（2）根据我国城市内涝研究报告，结合我国城市洪涝灾害特点，城市洪涝灾害主要包括"暴雨内涝为主型""暴雨内涝、外洪混合型""暴雨内涝、外洪、风暴潮混合型"三种。

1）暴雨内涝为主型。城市的洪涝灾害主要由暴雨引起城市内涝，多发生在我国北方城市。

2）暴雨内涝、外洪混合型。由于汛期降雨丰沛，造成城市内涝积水和洪水汇入积水的低洼区的涝灾，"洪"与"涝"并存，多发生在我国内陆城市及位于山区地区的城市。内涝、外洪混合型城市大部分面临河道洪水和地表涝水的双重威胁。

3）暴雨内涝、外洪、风暴潮混合型。汛期除了面临暴雨内涝、外来洪水潜在威胁外，还遭受来自西太平洋风暴潮的影响，多发生在我国东南沿海城市。

3. 根据洪涝灾害发生的季节分类

洪涝灾害四季都可能发生，根据发生的季节，主要分为春涝、夏涝和秋涝。

（1）春涝：主要发生在华南、长江中下游、沿海地区。

（2）夏涝：夏涝是中国的主要涝害，主要发生在长江流域、东南沿海、黄淮平原。

（3）秋涝：多为台风雨造成，主要发生在东南沿海和华南。

3.1.1.3 洪涝灾害的特点

从洪涝灾害的发生机制来看，洪涝具有明显的季节性、区域性和可重复性，如中国长江中下游地区的洪涝几乎全部都发生在夏季，并且成因也基本上相同，而在黄河流域则有不同的特点。同时，洪涝灾害具有很大的破坏性和普遍性，洪涝灾害不仅对当地流域有害，甚至能够严重危害相邻流域，造成水系变迁；并且，在不同地区均有可能发生洪涝灾害，包括山区、滨海、河流入海口、河流中下游以及冰川周边地区等。但是，洪涝仍具有可防御性，人类不可能彻底根治洪水灾害，但通过各种努力，可以尽可能地缩小灾害的影响。

1. 范围广

除沙漠、极端干旱地区和高寒地区外，中国大约2/3的国土面积都存在着不同程度和不同类型的洪涝灾害。年降水量较多且60%～80%集中在汛期（6—9月）的东部地区，常常发生暴雨洪水；占国土面积70％的山地、丘陵和高原地区常因暴雨发生山洪、泥石流；沿海省、自治区、直辖市每年都有部分地区遭受风暴潮引起的洪水的袭击；中国北方的黄河、松花江等河流有时还会因冰凌引起洪水；新疆、青海、西藏等地时有融雪洪水发生。

2. 发生频繁

据《明史》和《清史稿》资料统计，明清两代（1368—1911 年）的 543 年间，受灾范围涉及数州县到 30 州县的水灾共有 424 次，平均每 4 年发生 3 次；其中范围超过 30 州县的共有 190 年次，平均每 3 年 1 次。中华人民共和国成立以来，洪涝灾害年年都有发生，只是灾害大小有所不同。特别是 20 世纪 90 年代，10 年中有 4 次成灾面积超过 1 亿 hm²。

3. 突发性强

中国东部地区常常发生强度大、范围广的暴雨，而江河防洪能力又较低，因此洪涝灾害的突发性强。1963 年，海河流域南系 7 月底还大面积干旱，8 月 2 日至 8 日，突发一场特大暴雨，使该地区发生了罕见的洪涝灾害。山区泥石流突发性更强，一旦发生，人民群众往往来不及撤退，造成重大伤亡和经济损失。如 1997 年 6 月 5 日，四川乐约乡突发大规模山体滑坡、泥石流灾害，死亡 152 人，摧毁村小学 2 所，造成直接经济损失 1500 万元。风暴潮也是如此，如 1999 年 10 月 9 日，第 14 号强台风从福建漳州龙海市登录时风力达 12 级，风速达 33m/s，狂风暴潮骤雨猛烈袭击省内沿海全线，造成 701.5 万人受灾，死亡 55 人，失踪 17 人，受淹城市 7 个，水利、铁路等基础设施毁坏严重，直接经济损失达 69.75 亿元。

4. 损失大

如 2010 年全国有 30 个省（自治区、直辖市）发生了洪涝灾害，农作物因洪涝受灾面积达 1786.669 万 hm²，其中成灾 872.789 万 hm²，受灾人口 2.11 亿人，因灾死亡 3222 人、失踪 1003 人，倒塌房屋 227.10 万间，直接经济总损失 3745.43 亿元，其中水利设施直接经济损失 691.68 亿元。

3.1.1.4　洪涝灾害的等级划分

1. 特大灾、大灾、中灾等级划分标准

（1）一次性灾害造成下列后果之一的为特大灾。

1）在县级行政区域造成农作物绝收面积（指减产八成以上，下同）占播种面积的 30％。

2）在县级行政区域倒塌房屋间数占房屋总数的 1％以上，损坏房屋间数占房屋总间数的 2％以上。

3）灾害死亡 100 人以上。

4）灾区直接经济损失 3 亿元以上。

（2）一次性灾害造成下列后果之一的为大灾。

1）在县级行政区域造成农作物绝收面积占播种面积的 10%。

2）在县级行政区域倒塌房屋间数占房屋总数的 0.3% 以上，损坏房屋间数占房屋总间数的 1.5% 以上。

3）灾害死亡 30 人以上。

4）灾区直接经济损失 3 亿元以上。

（3）一次性灾害造成下列后果之一的为中灾。

1）在县级行政区域造成农作物绝收面积占播种面积的 1.1%。

2）在县级行政区域倒塌房屋间数占房屋总数的 0.3% 以上，损坏房屋间数占房屋总间数的 1% 以上。

3）灾害死亡 10 人以上。

4）灾区直接经济损失 5000 万元以上。

2. 洪涝灾情等级细分

在等级划分标准为轻灾的基础上，体现以人为本的理念，进一步将洪涝灾情等级细分为以下三个等级。

（1）轻灾一级：灾区死亡和失踪 8 人以上；洪涝灾情直接威胁 100 人以上群众生命财产安全；直接经济损失 3000 万元以上。

（2）轻灾二级：灾区死亡和失踪人数 5 人以上；洪涝灾情直接威胁 50 人以上群众生命财产安全；直接经济损失 1000 万元以上。

（3）轻灾三级：灾区死亡和失踪人数 3 人以上；洪涝灾情直接威胁 30 人以上群众生命财产安全；直接经济损失 500 万元以上。

3.1.1.5 防洪标准

防洪标准是指各种防洪保护对象或工程本身要求达到的防御洪水的标准。通常以频率法计算的某一重现期的设计洪水位作为防洪标准，或以某一实际洪水（或将其适当放大）作为防洪标准。

防洪标准的高低，与防洪保护对象的重要性、洪水灾害的严重性及其影响直接相关，并与国民经济的发展水平相联系。国家根据需要与可能，对不同保护对象颁布了不同防洪标准的等级划分。在防洪工程的规划设计中，一般按照规范〔《防洪标准》（GB 50201—2014）、《水利水电工程等级划分及洪水标准》（SL 252—2017）和《城市防洪工程设计规范》（GB/T 50805—2012）等〕选定防洪标准（表 3.1），并进行必要的论证。阐明工程选定的防洪标准的经济合理性。对于特殊情况，如洪水泛滥可能造成大量生命财产损失等严重后果时，经过充分论证，可采用高于规范规定的标准。如因投资、工程量等因素的限制一时难以达到规定的防洪标准时，经过论证可以分期达到。

表 3.1 城市防洪工程设计标准

城市防洪工程等级	设 计 标 准/年			
	洪水	涝水	海潮	山洪
Ⅰ	≥200	≥20	≥2200	≥50
Ⅱ	≥100 且<200	≥10 且<20	≥100 且<200	≥30 且<50
Ⅲ	≥50 且<100	≥10 且<20	≥50 且<100	≥20 且<30
Ⅳ	≥20 且<50	≥5 且<10	≥20 且<50	≥10 且<20

注 摘自《城市防洪工程设计规范》(GB/T 50805—2012)。

3.1.2 抗旱安全

干旱是对人类社会影响最深远的自然灾害之一,可发生在世界的任何地方。近年来极端干旱事件频发,如 2010—2011 年非洲东部干旱、2011 年美国得克萨斯州干旱、2012—2018 美国加利福尼亚州干旱、2018 年德国和澳大利亚干旱等。干旱可对农业生产、社会生活和经济发展产生深远的影响。

抗旱安全是指采取的各种工程或非工程的抗旱措施能够合理开发、调配、节约和保护水源,能够预防和减少因水资源短缺对城乡居民生活、生产和社会经济发展产生的不利影响。

3.1.2.1 干旱与旱灾

干旱是指淡水总量少,不足以满足人的生存和经济发展的气候现象,一般是长期的现象。干旱一直都是人类面临的主要自然灾害,即使在科技发达的现代,它造成的灾难性后果仍然比比皆是。值得注意的是,随着人类的经济发展和人口膨胀,水资源短缺现象日趋严重,这也直接导致了干旱地区的扩大与干旱化程度的加重,干旱化趋势已成为全球关注的问题。

旱灾是指干旱对农业生产、城乡经济、居民生活和生态环境造成的损害,主要表现在因旱造成的饮水困难和作物受旱。旱灾因气候严酷或不正常的干旱而形成,属于气象灾害。旱灾一般会导致土壤水分不足,农作物水分平衡遭到破坏而减产或歉收从而带来粮食问题,甚至引发饥荒。同时,旱灾亦可令人类及动物因缺乏足够的饮用水而致死。此外,旱灾后则容易发生蝗灾,进而引发更严重的饥荒,导致社会动荡。

需要注意的是,并不是所有的干旱都引起旱灾,一般地,只有在正常气候条件下水资源相对充足,较短时间内由于降水减少等原因造成水资源短缺,对生产生活产生较大影响的,才可以称为旱灾。例如华北地区属于半湿润区,其春季夏季的干旱对当地农业生产造成巨大影响,可以称作旱灾。而我国西北温带大陆性气候区,其气候特征是常年降水少,气候干旱,人们已经习惯了当地干旱的气候,所以此地一般的干旱不能称作旱灾。

3.1.2.2 旱情与旱灾的表现

旱情的主要表现是土壤水分不足,不能满足牧草等农作物生长的需要,造成较大的

减产或绝产的灾害。旱灾是普遍性的自然灾害，不仅农业受灾，严重的还影响到工业生产、城市供水和生态环境。中国通常将农作物生长期内因缺水而影响正常生长称为受旱，受旱减产三成以上称为成灾。经常发生旱灾的地区称为易旱地区。

旱灾的形成主要取决于气候。通常将年降水量少于 250mm 的地区称为干旱地区，年降水量为 250～500mm 的地区称为半干旱地区。世界上干旱地区约占全球陆地面积的 25%，大部分集中在非洲撒哈拉沙漠边缘、中东和西亚、北美西部、和中国的西北部。这些地区常年降雨量稀少且蒸发量大，农业主要依靠山区融雪或者上游地区来水，如果融雪量或来水量减少，就会造成干旱。

3.1.2.3 干旱的分类

通常将干旱分为四种类型。

（1）气象干旱。指不正常的干燥天气时期，持续缺水足以影响区域引起严重水文不平衡。表征：一定时段内区域的降水明显低于正常水平。

（2）水文干旱。指在河流、水库、地下水含水层、湖泊和土壤中低于平均含水量的时期，表征：一定时段内区域河流、水库或地下水的储备低于正常水平。

（3）农业干旱。指降水量不足的气候变化，对作物产量或牧场产量产生不利影响。表征：一定时段内土壤含水量低于正常水平而引发农作物减产。

（4）社会经济干旱。指由于用水管理的实际操作或设施的破坏引起的缺水，表征：干旱对经济商品的供应和需求产生的影响。

3.1.2.4 干旱的等级划分

为对干旱事件进行监测和评估，国家标准《气象干旱等级》（GB/T 20481—2017）中提出了依据降水量距平百分率（PA）、相对湿润度指数（MI）、标准化降水指数（SPI）、标准化降水蒸散指数（SPEI）、帕默尔干旱指数（PDSI）及气象干旱综合指数（MCI）等6种指标来划分干旱等级。

由于干旱是降水长期亏缺和近期亏缺综合效应累加的结果，气象干旱综合指数（MCI）考虑了 60 天内的有效降水（权重累积降水）、30 天内蒸散（相对湿润度）以及季度尺度（90 天）降水和近半年尺度（150 天）降水的综合影响。气象干旱综合指数考虑了业务服务的需求，增加了季节调节系数，适用于作物生长季逐日气象干旱的监测和评估。依据气象干旱综合指数划分的气象干旱等级见表 3.2。

表 3.2 　　　　　　　　气象干旱综合指数等级的划分表

等级	类型	MCI	干 旱 影 响 程 度
1	无旱	$-0.5 < MCI$	地表湿润，作物水分供应充足；地表水资源充足，能满足人们生产、生活需要
2	轻旱	$-1.0 < MCI \leqslant -0.5$	地表空气干燥，土壤出现水分轻度不足，作物轻微缺水，叶色不正；水资源出现短缺，但对生产、生活影响不大

等级	类型	MCI	干 旱 影 响 程 度
3	中旱	$-1.5 < MCI \leqslant -1.0$	土壤表面干燥，土壤出现水分不足，作物叶片出现萎蔫现象；水资源短缺，对生产、生活造成影响
4	重旱	$-2.0 < MCI \leqslant -1.5$	土壤水分持续严重不足，出现干土层（1～10cm），作物出现枯死现象；河流出现断流，水资源严重不足，对生产、生活造成较重影响
5	特旱	$MCI \leqslant -2.0$	土壤水分持续严重不足，出现较厚干土层（大于10cm），作物出现大面积枯死；多条河流出现断流，水资源严重不足，对生产、生活造成严重影响

3.1.2.5　干旱的预测指标

为监测和评估评定不同类型的干旱，《气象干旱等级》中规定了五种监测干旱的单项指标和气象干旱综合指数 MCI。五种单项指标为：降水量和降水量距平百分率、标准化降水指数、相对湿润度指数、土壤湿度干旱指数和帕默尔干旱指数。气象干旱综合指数 MCI 以标准化降水指数、相对湿润指数和降水量为基础建立的一种综合指数。

近年来，为对干旱进行预测，学者陆续提出一系列干旱指数，每个指数各有其优势及劣势，一些较常用的干旱指数如下：

（1）标准降水指数（SPI）。SPI 指数可灵活评估不同时间尺度的干旱状况，且由此计算得到的不同区域干旱状况具有可比性。鉴于 SPI 指数的优势，学者采用相似的统计原理陆续提出了一系列的干旱指数，如以蒸散发为指示变量的 SPEI 指数，用于评价气象干旱；以产水量为指示变量的 SRI 指数和以径流量为指示变量的 SSFI 指数，用于评价水文干旱；以土壤含水量为指示变量的 SSI 指数，用于评价农业干旱。

（2）帕默尔干旱指数（PDSI）。该指数为首个评估区域总体水分状况的干旱指数，曾为使用最广泛的干旱指数，近年来其地位陆续被 SPI 族指数所取代。

（3）作物水分指数（CMI）。CMI 基于每周的温度和降水评估粮食生产地区短期的水分平衡状况。

（4）土壤干旱指数（SWSI）。SWSI 主要用于检测地表水供应的异常情况，如城市供水、工业供水、灌溉用水、水力发电等的水文干旱状况。

（5）植被状态指数（VCI）。VCI 指数以植被为指示变量，其有效性在夏季植物生长季节更明显。

3.1.2.6　干旱预警

干旱预警信号分二级，分别以橙色、红色表示。干旱指标等级划分，以国家标准《气象干旱等级》（GB/T 20481—2017）中的综合气象干旱指数为标准。

橙色：预计未来一周综合气象干旱指数达到重旱（气象干旱为25～50年一遇），或者某一县（区）有40%以上的农作物受旱。

红色：预计未来一周综合气象干旱指数达到特旱（气象干旱为50年以上一遇），或者某一县（区）有60%以上的农作物受旱。

3.1.3　水旱灾害防御应急响应级别划分

启动水旱灾害应急响应能够确保及时、有效处置发生或预计发生的特别重大、重大和较大的水旱灾害，提高应急处置工作效率和水平，保证水旱灾害防御工作有力有序有效进行。当发生或预计发生水旱灾害时，应根据规程规定启动相应级别的应急响应，开展预测预报预警预演，提高应急处置工作效率和水平，能为水旱灾害"黑天鹅""灰犀牛"等事件防御工作提供科学理论依据和有力技术支撑。根据水旱灾害发生的性质、严重程度、可控性和影响范围等因素，水利部水旱灾害防御应急响应从高到低分为四级：Ⅰ级、Ⅱ级、Ⅲ级、Ⅳ级。

3.1.3.1　应急响应等级划分标准

国家防汛应急响应级别，是按照《中华人民共和国防汛条例》和国务院"三定方案"的规定，由国家防汛抗旱总指挥部（以下简称国家防总）在国务院领导下，负责领导组织全国防汛工作的应急响应机制。国家防汛应急响应级别中Ⅰ级为最高级别。具体划分见表3.3。

表 3.3　　应急响应等级划分标准

响应级别	判别依据（出现下列情况之一，即为相应级别）
Ⅰ级 应急响应	（1）某个流域发生特大洪水； （2）多个流域同时发生大洪水； （3）大江大河干流重要河段堤防发生决口； （4）重点大型水库发生垮坝； （5）多省（自治区、直辖市）发生特大干旱； （6）多座大型以上城市发生极度干旱。
Ⅱ级 应急响应	（1）一个流域发生大洪水； （2）大江大河干流一般河段及主要支流堤防发生决口； （3）数省（自治区、直辖市）多个市（地）发生严重洪涝灾害； （4）一般大中型水库发生垮坝； （5）数省（自治区、直辖市）多个市（地）发生严重干旱或一省（自治区、直辖市）发生特大干旱； （6）多个大城市发生严重干旱，或大中城市发生极度干旱。
Ⅲ级 应急响应	（1）数省（自治区、直辖市）同时发生洪涝灾害； （2）一省（自治区、直辖市）发生较大洪水； （3）大江大河干流堤防出现重大险情； （4）大中型水库出现严重险情或小型水库发生垮坝； （5）数省（自治区、直辖市）同时发生中度以上的干旱灾害； （6）多座大型以上城市同时发生中度干旱； （7）一座大型城市发生严重干旱。
Ⅳ级 应急响应	（1）数省（自治区、直辖市）同时发生一般洪水； （2）数省（自治区、直辖市）同时发生轻度干旱； （3）大江大河干流堤防出现险情； （4）大中型水库出现险情； （5）多座大型以上城市同时因旱影响正常供水。

3.1.3.2 各级应急响应行动

1. Ⅰ级应急响应行动

(1) 国家防总总指挥主持会商,防总成员参加。视情启动国务院批准的防御特大洪水方案,作出防汛抗旱应急工作部署,加强工作指导,并将情况上报党中央、国务院。国家防总密切监视汛情、旱情和工情的发展变化,做好汛情、旱情预测预报,做好重点工程调度,并在24小时内派专家组赴一线加强技术指导。国家防总增加值班人员,加强值班,每天在中央电视台发布汛(旱)情通报,报道汛(旱)情及抗洪抢险、抗旱措施。财政部门为灾区及时提供资金帮助。国家防总办公室为灾区紧急调拨防汛抗旱物资;铁路、交通、民航部门为防汛抗旱物资运输提供运输保障。民政部门及时救助受灾群众。卫生部门根据需要,及时派出医疗卫生专业防治队伍赴灾区协助开展医疗救治和疾病预防控制工作。国家防总其他成员单位按照职责分工,做好有关工作。

(2) 相关流域防汛指挥机构按照权限调度水利、防洪工程;为国家防总提供调度参谋意见;派出工作组、专家组,支援地方抗洪抢险、抗旱。

(3) 相关省、自治区、直辖市的流域防汛指挥机构,省、自治区、直辖市的防汛抗旱指挥机构启动Ⅰ级响应,可依法宣布本地区进入紧急防汛期,按照《中华人民共和国防洪法》的相关规定,行使权力。同时,增加值班人员,加强值班,动员部署防汛抗旱工作;按照权限调度水利、防洪工程;根据预案转移危险地区群众,组织强化巡逻查险和堤防防守,及时控制险情,或组织强化抗旱工作。受灾地区的各级防汛抗旱指挥机构负责人、成员单位负责人,应按照职责到分管的区域组织指挥防汛抗旱工作,或驻点具体帮助重灾区做好防汛抗旱工作。各省、自治区、直辖市的防汛抗旱指挥机构应将工作情况上报当地人民政府和国家防总。相关省、自治区、直辖市的防汛抗旱指挥机构成员单位全力配合做好防汛抗旱和抗灾救灾工作。

2. Ⅱ级应急响应行动

(1) 国家防总副总指挥主持会商,作出相应工作部署,加强防汛抗旱工作指导,在2小时内将情况上报国务院并通报国家防总成员单位。国家防总加强值班,密切监视汛情、旱情和工情的发展变化,做好汛情旱情预测预报,做好重点工程的调度,并在24小时内派出由防总成员单位组成的工作组、专家组赴一线指导防汛抗旱。国家防总办公室不定期在中央电视台发布汛(旱)情通报。民政部门及时救助灾民。卫生部门派出医疗队赴一线帮助医疗救护。国家防总其他成员单位按照职责分工,做好有关工作。

(2) 相关流域防汛指挥机构密切监视汛情、旱情发展变化,做好洪水预测预报,派出工作组、专家组,支援地方抗洪抢险、抗旱;按照权限调度水利、防洪工程;为国家防总提供调度参谋意见。

(3) 相关省、自治区、直辖市防汛抗旱指挥机构可根据情况,依法宣布本地区进入紧急防汛期，行使相关权力。同时，增加值班人员，加强值班。防汛抗旱指挥机构具体安排防汛抗旱工作，按照权限调度水利、防洪工程，根据预案组织加强防守巡查，及时控制险情，或组织加强抗旱工作。受灾地区的各级防汛抗旱指挥机构负责人、成员单位负责人，应按照职责到分管的区域组织指挥防汛抗旱工作。相关省级防汛抗旱指挥机构应将工作情况上报当地人民政府主要领导和国家防总。相关省、自治区、直辖市的防汛抗旱指挥机构成员单位全力配合做好防汛抗旱和抗灾救灾工作。

3. Ⅲ级应急响应行动

（1）国家防总秘书长主持会商，作出相应工作安排，密切监视汛情、旱情发展变化，加强防汛抗旱工作的指导，在2小时内将情况上报国务院并通报国家防总成员单位。国家防总办公室在24小时内派出工作组、专家组，指导地方防汛抗旱。

（2）相关流域防汛指挥机构加强汛（旱）情监视，加强洪水预测预报，做好相关工程调度，派出工作组、专家组到一线协助防汛抗旱。

（3）相关省、自治区、直辖市的防汛抗旱指挥机构具体安排防汛抗旱工作；按照权限调度水利、防洪工程；根据预案组织防汛抢险或组织抗旱，派出工作组、专家组到一线具体帮助防汛抗旱工作，并将防汛抗旱的工作情况上报当地人民政府分管领导和国家防总。省级防汛指挥机构在省级电视台发布汛（旱）情通报；民政部门及时救助灾民。卫生部门组织医疗队赴一线开展卫生防疫工作。其他部门按照职责分工，开展工作。

4. Ⅳ级应急响应行动

（1）国家防总办公室常务副主任主持会商，作出相应工作安排，加强对汛（旱）情的监视和对防汛抗旱工作的指导，并将情况上报国务院并通报国家防总成员单位。

（2）相关流域防汛指挥机构加强汛情、旱情监视，做好洪水预测预报，并将情况及时报国家防总办公室。

（3）相关省、自治区、直辖市的防汛抗旱指挥机构具体安排防汛抗旱工作；按照权限调度水利、防洪工程；按照预案采取相应防守措施或组织抗旱；派出专家组赴一线指导防汛抗旱工作；并将防汛抗旱的工作情况上报当地人民政府和国家防总办公室。

拓展阅读

上述是国家层面的应急响应等级划分。在实际工作中，每个省根据预案自行发布应急响应等级。

2021年7月18日8时至21日2时，河南省部分地区普降暴雨、特大暴雨，最大点雨量荥阳环翠峪雨量站854mm，尖岗818mm，寺沟756mm，重现期均超5000年一遇。据气象预测，河南省强降雨过程仍将持续。

按照《河南省水利厅水旱灾害防御应急预案》有关规定，河南省水利厅决定自2021年7月21日2时30分起，将河南省水旱灾害防御Ⅱ级应急响应提升为Ⅰ级应急响应。水旱灾害防御Ⅰ级应急响应是在水旱灾害发生后发布的应急响应。

出现下列情况之一者，为Ⅰ级响应：

（1）某个流域发生特大洪水。

（2）多个流域同时发生大洪水。

（3）大江大河干流重要河段堤防发生决口。

（4）重要大型水库发生垮坝。

（5）多个省、自治区、直辖市同时发生特大干旱。

（6）多座大型以上城市同时发生极度干旱。

河南省水利厅要求，各有关单位要在省委省政府的坚强领导下，切实履行好监测预报预警、水工程调度、抢险技术支持等职责，确保水库大坝和堤防工程安全，强化山洪灾害防御，有序组织群众转移避险，全力以赴做好洪水防御工作，确保人民群众生命财产安全。

3.2 城乡用水保障安全

城乡用水保障安全主要包括城乡饮水安全、城乡供水安全及水资源利用与保护等三个主要方面。

3.2.1 城乡饮水安全

十九大报告提出"必须坚持以人民为中心的发展思想"，并提出"建设富强民主文明和谐美丽的社会主义现代化强国"。而饮水安全是事关人民健康的头等大事。饮水安全保障是全面建成小康社会，建设富强民主文明和谐美丽的社会主义国家的重要支撑条件，关系到社会经济发展和生态文明建设。

饮水安全，是指居民能够及时取得足量够用的生活饮用水，且长期饮用不影响人体健康。饮水安全有四个指标：水量、水质、用水方便程度和供水保证率。水质符合《生活饮用水卫生标准》（GB 5749—2006）要求的为安全，符合《农村实施生活饮用水卫生标准准则》要求的为基本安全；每人每天获得的水量为40~60L为安全，不低于20~40L为基本安全；人力取水往返时间不超过10分钟为安全，取水往返时间不超过20分钟为基本安全；供水保证率不低于95%为安全，不低于90%为基本安全。四项指标全部达标为饮水安全，其中一项不达标，就不能进行正常的饮水，为饮水不安全。

目前用于衡量农村饮水是否安全的最新指标是中国水利学会在2018年提出的《农村饮水安全评价准则》。根据准则中的指标，农村饮水评价可分为达标和基本达标。具体见表3.4。

表 3.4   农村饮水安全评价准则

评价内容	程度	评价标准和方法	备　注
水量	达标	年均降水量≥800mm，且年人均水资源量≥1000m³ 的地区，≥60L/（人·d）	集中式供水工程，根据工程实际供水能力与供水人数测算，结合问询等方式进行；分散式供水工程，根据一定时间内储水设施设备的储水量与供水人数测算，结合问询等方式进行
	基本达标	年均降水量≥800mm 且年人均水资源量≥1000m³ 的地区，≥40L/（人·d）	
水质	达标	千吨万人供水工程，水质检测结果符合 GB 5749 的规定；千吨万人以下供水工程，水质检测结果符合 GB 5749 中农村供水水质宽限规定；分散式供水工程，水质检测结果符合 GB 5749 中农村供水水质宽限规定	
	基本达标	分散式供水工程，饮水中无杂质、异色、异味，用水户长期饮用无不良反应	
用水方便程度	达标	人力取水往返时间≤10min，或取水水平距离≤400m，垂直距离不超过 40m	牧区可用简易交通工具取水往返时间进行评价
	基本达标	人力取水往返时间≤20min，或取水水平距离≤800m，垂直距离不超过 80m	
供水保证率	达标	≥95％	
	基本达标	≥90％且＜90％	

注　1. 资料来源于中国水利学会发布的《农村饮水安全评价准则》（T/CHES 18—2018）。
　　2. 以上 4 项指标只要有一项不达标，就不能评价为安全。
　　3. 水量包含居民生活饮水水量、散养畜禽用水量、家庭小作坊生产用水量以及居民点公共用水量等，不包含规模化养殖畜禽，二、三产业及牧区牲畜用水量。

3.2.1.1　饮水安全问题

　　饮水安全问题通常是指在人类社会生活中发生的与饮水有关的问题，如水源地污染、水质性地方病、因干旱等造成的水量短缺等，由此给人类社会带来危害，如人体健康状况恶化、人口死亡、饮水舒适度降低等，进而引发一些经济社会和区域安全问题。人类社会活动影响使水资源总量减少、污染加剧、区域水循环平衡受到干扰，水资源的区域竞争愈演愈烈，饮水安全也面临越来越大的挑战。

　　饮水安全问题的性质包括两方面：一方面是饮水安全的自然属性，即水资源分布不均、干旱、苦咸水、地方病等自然型的饮水安全问题；另一方面是饮水安全的社会属性，由于人类对自然水循环的干预导致饮水不安全突显为社会问题，如水量短缺、水质污染、水分配不均、水资源浪费、水价攀升、水管理混乱等。饮水安全问题的外延是指由饮水不安全引发的其他安全问题，如人体健康素质下降、地区冲突、社会政治经济稳定及国家安全等。

近年来，全球气候变化导致的国内外极端天气事件发生的频率和强度增加，它们通过水源、供水系统、水处理过程、居民饮用水行为等多个环节影响着饮用水水质和水量，加剧了当地居民饮水安全问题。有研究指出，我国西北干旱地区极端水事件的频度和强度在增加，水资源脆弱性和不确定性性将加剧。农村人群是极端天气下水相关疾病的易感者，与饮水不安全密切相关的因素主要包括不健康的食品和不卫生的厕所等。某些水相关疾病对气候变化、水和卫生设施很敏感，同时极端天气通过影响水和卫生设施等因素增加居民患水相关疾病（腹泻、伤寒、肝炎、血吸虫）的风险，也会削弱部分区域已实施的因水和卫生设施带来的健康效应。

缺乏安全饮用水和卫生设施是重要的公共卫生问题之一。据世界卫生组织 2015 年统计报告，全球每年共有 84.2 万人死于腹泻疾病，这与水、环境卫生设施和个人卫生行为直接相关。水和环境卫生设施的整体改善在实现可持续发展目标、降低儿童死亡率等方面发挥着关键作用。我国是一个缺水严重的国家，人均水资源量只有 2200m^3，仅为世界平均水平的 1/4；同时，我国有 75% 以上的河流湖泊受到不同程度的污染，加重了对饮水安全的不利影响。

在农村，饮水水质超标、无供水设施、水量不达标等问题是导致饮水不安全的主要因素；在城市，饮水安全问题主要集中在资源性或工程性的水量短缺、水质污染以及管理等方面。

1. 农村饮水安全问题

农村饮水安全指农村居民能获得并且能负担符合我国卫生标准的饮用水，具体来说，饮水安全是指饮水水质、水量、取水方便程度及保证率均符合一定标准。农村饮水不安全类型主要有以下几种：一是饮用氟超标水；二是饮用苦咸水；三是饮用未经处理和细菌超标严重的地表水；四是饮用污染严重、未经处理的浅层地下水；五是饮用其他不达标，但铁、锰、砷等超标的水。

我国农村饮水工作经历了以下阶段：供水起步阶段、农村饮水解困阶段（即农村自来水普及率工程初步建设阶段）和农村饮水安全阶段。自 2000 年起，我国农村饮水和环境卫生设施得以逐步改善，联合国儿童基金会和世界卫生组织（WHO）2015 年"水供应、卫生设施联合监测计划"（JMP）报告显示，截至 2015 年，我国已经实现联合国千年发展目标（MDGs）中"到 2015 年将无法持续获得安全饮用水和基本卫生设施的人口比例减半"的目标。

但是，我国农村饮水安全问题仍是社会关注的热点，它不仅是公共卫生问题，也是影响社会发展的社会问题。我国农村饮水安全主要问题是供水能力不足和水质较差，且呈现水质、水量和方便程度等方面的区域性差异。不同地区地理条件差异较大，人文环境、经济水平、居民健康意识亦有较大差距，给我国农村饮水安全的全面改善带来一定困难。联合国在千年发展目标到期后制定了 2030 年"确保所有人享有水和环境卫生"的可持续发展目标，我国饮水安全的区域性差异对该目标的实现造成了一定障碍。有研究指出，最贫穷和最富裕地区之间以及家庭间的水和卫生方面仍然存在巨大差距，低收入和中等收入地区面临着水环境设施的不平等和环境健康挑战。

2. 城市饮水安全问题

随着我国城市化的发展，城市化水平不断提高，城市规模和城市人口逐渐扩大，城市用水需求量日渐增长，城市污废水排放量也逐日增加，水环境污染、突发性水污染事故频发等饮水安全问题在城市范围内日益突出，一定程度上制约了城市经济的发展，对社会安定也造成影响。当前我国城市饮水安全主要面临以下问题：

(1) 饮用水水源地管理问题。对于城市而言，饮用水水源地是重要的保护区域。近年来，随着城市化进程不断加快和产业结构的转型升级，城市饮用水水源供需矛盾日益突出。特别对于水资源稀缺的城市，水源供需矛盾更加突出。如何缓解这一矛盾，已成为刻不容缓的大事。

饮用水水源的全方位管理是一项非常重要的生态工程，它是非常系统的，需要考虑到管理中的所有影响因素，根据饮水水源保护和管理模式的内容选择最合适的方式，并制定相应的保护方法和管理机制。目前对城市饮用水水源的污染主要有以下三种情况：第一种情况是企业将生产过程中的污染物排放到饮用水源，这将影响饮水水源的质量；第二种情况是生活垃圾对饮水水源的污染；第三种情况是其他污染物对饮水水源的污染。无论哪种情况对饮水水源的水质都有很大影响，因此加强饮水水源污染管理和控制势在必行。

(2) 饮用水输水渠道水质保护问题。干渠又被称为城市饮水的"生命线"，因此必须保证干渠的顺利运行，牢记安全无小事原则，强化责任意识。

雨季往往对干渠安全产生威胁，接连的大雨会造成大量的山洪在短时间内涌向干渠，如不及时处理，必将威胁干渠的安全，导致运行故障。

科学化的渠道水质保护策略为城市饮水安全提供了保障，一般从以下四个方面加强渠道的运行管理：①实施有效的防汛抗旱管理；②强化干渠的巡查力度；③重视干渠的日常养护；④强调干渠工程的维修。此外，还应该强调渠道的生态环境治理，即解决污染问题、加大监测力度、加强宣传教育，只有双管齐下才能保障城市饮水的安全。

3.2.1.2 饮用水水源管理

水源地是河流发源的地方，泉水、冰雪水、沼泽、湖泊等都可能是河流的水源。按照来源不同，水又可分为降水、地面水（江、河、湖、海、塘、水库等）和地下水三类。地面水及地下水是常用的水源。水源在进行净化和消毒处理保证饮用安全后才能变成饮用水。饮用水指的是能够满足人体需要的淡水。江河、湖泊、河流中的淡水资源都属于饮用水范畴，另外还包括一部分地下水资源。保护饮用水水源指的是坚持可持续发展观，采用各种保护措施如水质监测、水源保护等，从而达到水质改善、保护饮水水源的目的。

水行政主管部门采用法律手段、行政手段、技术手段、经济手段等实现对饮用水水源的开发、利用、分配、调度以及保护，这就是饮用水水源管理。饮用水水源管理为社会和经济的可持续发展提供保障，其最终目的在于提升饮用水水源的利用效率，加强饮用水水源的可持续开发和利用，使水利工程发挥最大的经济效益，让饮用水水源最大限度地发挥经济、社会以及生态效益，以满足人们生活用水需要。

3.2.2 城乡供水安全

供水安全是指当前与未来国民经济与社会发展的合理用水需求，在水量、水质、稳定性、价格等四方面的满足程度，以及规避和消除威胁和风险的能力。保障供水安全的努力贯穿人类发展历史的始终，从远古时期逐水栖居，到通过开渠、凿井、修坝、跨流域调水、再生利用等手段，不断满足日益增长的生产生活用水量与质的需求，供水安全作为基础推动人类社会从渔猎文明—农耕文明—工业文明的递进式发展。从战略地位上看，供水安全与防洪安全作为两大涉水安全，直接关系粮食安全、经济安全、生态安全，是国家安全的重要支撑。

3.2.2.1 城乡供水一体化

1.城镇供水

城镇供水是指以要求的水量、水质和水压，供给城镇生活用水和工业用水，又称城镇给水。城镇生活用水分为饮用、洗涤、宅院绿化等用水；市政公共用水包括商业、服务业、学校、医院、消防、城镇绿化、街道喷洒、清除垃圾、市区河湖补水和城郊商品菜田用水等；工业用水主要用于冷却、洗涤、调温和调节湿度等。城镇供水水源分为地表水和地下水。地表水包括江河、水库、湖泊和海洋中的水；地下水包括井水、泉水和地下河水等。

城镇供水要求保证率高，且在水量、水质和水压三方面均有要求。

（1）水量。居民日常生活用水的多寡，受气候条件、室内给水排水设备和卫生设备的完善程度及居民生活习惯等条件影响。市政公共用水根据设施的用途不同而有很大差异。消防用水量则取决于扑灭一次火灾所需消防水量和同时出现的火灾数。城镇生活用水定额一般随生活水平的提高和居住条件的改善而增大。工业用水因行业、工艺过程、设备类型和机械化自动化的程度而异。相同单位产品的用水定额一般随工业技术水平的提高而减小。

（2）水质。生活饮用水对水质有严格要求，对浑浊度、色度、嗅、味、细菌总数、大肠菌群参数、pH值、硬度，铁、锰、锌等重金属，以及酚、有毒非金属（如氰、砷）、阴离子合成洗涤剂、剩余氯等的含量均有规定。工业冷却用水的水质标准一般比饮用水低。有特殊要求的工业用水（如电子工业用水）应制定相应的专用水质标准。

（3）水压。城镇生活用水要求一定的自由水压（即从地面算起的最小水压），其值按建筑物的层数而定:一层为 10m;二层为 12m;二层以上每加一层,水压增加 4m。消防用水管网自由水压一般不应小于 10m。工业用水的水压须根据工艺要求而定。

供水系统分为取水、输水、水处理和配水四个部分。取用地下水多用管井、大口井、辐射井和渗渠。取用地表水可修建固定式取水建筑物,如岸边式或河床式取水建筑物;也可采用活动的浮船式和缆车式取水建筑物。水由取水建筑物经输水道送入实施水处理的水厂。水处理包括澄清、消毒、除臭和除味、除铁、软化;对于工业循环用水常需进行冷却,对于海水和咸水还需淡化或除盐。处理后合乎水质标准的水经配水管网送往用户。

2. 城乡供水一体化的重要意义与主要内容

城乡供水一体化是指将供水管网由城市延伸,覆盖至乡镇,建立起一体化的城乡供水网络系统,基本实现城乡联网供水、水资源共享,提高水资源的利用率,达到城乡居民共享优质供水的目的。

2020 年 2 月 5 日,《中共中央国务院关于抓好"三农"领域重点工作确保如期实现全面小康的意见》(以下简称 2020 年中央一号文件)指出,2020 年是全面建成小康社会目标实现之年,是全面打赢脱贫攻坚战收官之年,要集中力量完成打赢脱贫攻坚战和补上全面小康"三农"领域突出短板两大重点任务。文件提出了一系列实实在在的举措,具体包括 30 项工作,其中推进城乡供水一体化是其中重要一项。

文件强调要对标全面建成小康社会加快补上农村基础设施和公共服务短板,提高农村供水保障水平;全面完成农村饮水安全巩固提升工程任务;统筹布局农村饮水基础设施建设;在人口相对集中的地区推进规模化供水工程建设;有条件的地区将城市管网向农村延伸,推进城乡供水一体化;中央财政加大支持力度,补助中西部地区、原中央苏区农村饮水安全工程维修养护;加强农村饮用水水源保护,做好水质监测。

面对变化和发展的农村社会经济环境,解决当前农村供水基础设施建设和服务存在的投资、标准、长效机制等现实问题,实施城乡供水一体化发展战略无疑具有重要的现实意义。

尽管当前我国城市化进程尚在继续,基础设施建设也尚未达到完善的水平,但总体上,粗放发展模式已经过去。与我国经济发展趋势相同,在城乡基本公共服务均等化发展趋势下,农村供水也面临着从粗放到高质量的转型升级,其中城乡一体化模式有利于消除当下突出的"二元"结构问题。

城乡供水一体化,本质上就是消除农村与城镇供水之间存在的显而易见的差距。这种差距既表现在供水基础设施建设投入、供给方式等方面,也表现在水价、水质水量、运营维护等诸多方面。

城乡供水一体化发展,就是通过统筹谋划、优化布局和创新机制,打破"一地一水"等传统农村供水方式的弊端,通过城市管网延伸、区域供水互通、提高乡村供水标准等措施，大力改善农村供水状况，着力解决城乡基本公共服务均等化存在的显著差距，实现农村供水与城镇供水在管理、服务、水质、水价等方面同标准，为满足人民群众对美好生活的向往提供坚实基础。

3.2.2.2 城乡供水安全现状

供水系统是城镇化推进和经济发展过程中的重要基础设施，是保障居民生活与经济建设不可缺少的物质基础，是一个地区市政工程中不可或缺的一环。供水系统由取水工程、净水工程和输配水工程三项组成，取水工程负责从水源取水，净水工程负责将原水处理为居民生活用水、工业用水和绿化用水等，输配水系统则负责把经过净水工程处理的水安全稳定地供往用户。这其中输配水工程投资最大，占比常常过半，且运行维护费用较高。新中国成立以来，特别是改革开放以后，我国城市供水得到了长足的发展。目前，我国城镇供水系统相对完善，取水工程保障到位，输配水工程有长期的规划指导，水厂建设模式成熟，城镇供水水量相对稳定、充足，水质合格率相对较高，到户水压也有保障。然而，受制于农村经济的现有体量和发展速度，农村供水系统存在着大量问题。农村水源，特别是处于城镇下游的农村水源常年受到上游工业企业排放处理不合格的工业废水、沿岸居民排放的生活污水的污染；农村取水工程、输配水工程和净水工程建设相对简陋，管理相对混乱，大部分农村输配水工程采用单支管线、单一水源，供水安全难以保障；且受限于农村相对落后的电力设施的建设，在夏季等高峰用电时段，输配水工程难以稳定运行；在缺水地区，农村地下水开采常常超过定额。

从以上城镇和农村供水工程发展情况来看，不难发现，我国供水系统城乡发展并不均衡。受限于城乡经济水平差异、行政区划差异和地理位置不同等因素，我国城镇供水系统的发展远远领先于农村供水系统的发展。在经济快速发展、城镇化快速推进的今天，城乡供水系统发展不均衡已经成为制约区域整体发展的因素。国家提出在公共资源上实现城乡联网，这也是政府重视"三农问题"的具体表现。在这一概念下，实现城乡供水一体化，推行城乡统筹供水成为解决城乡供水系统发展不均衡的重要突破口。

3.2.2.3 城乡供水安全问题

当前各地区饮水供水安全状况各不相同，主要体现在以下几个方面：

（1）各地区水质存在较大差别。我国各地区水资源分布不均衡，多数地区水资源存在短缺情况，同时由于各地区地质条件不同，无论是地面水还是地下水的水质都存在一定的差别。部分偏远地区和山区的年均降水量较少，淡水资源极为短缺，同时由于地理环境因素限制，经济发展较为落后，导致部分地区的水利工程建设存在诸多困难。这部分地区的居民饮水供水主要依靠地面水和降水来获取水资源，这就导致水资源的获取会受到季节和气候影响，在旱季容易导致饮水供应不足，在涝季又容易发生次生灾害。同时由于水处理技术应用落后，居民饮水的水体中存在很多对人体有害的微生物和细菌，对人们的身体健康可能会造成一定的损害。

（2）居民饮用水水污染情况较为严重。随着我国经济的迅猛发展，工农业导致的水污染环境问题日渐突出，这些因经济发展导致的环境遗留问题为我国居民饮水供水安全埋下了较大的隐患。一些工农企业在生产过程中将没有达到相关检测标准的废水和污水直接排放到地方河流，对地区河流的水质形成了严重污染。同时农村生产过程中的农药残余使得居民饮水的饮用水源遭受污染。这些水环境污染如果得不到有效管控，将给人们的饮水安全带来严重威胁。

（3）人饮水水质检测不达标。我国对于人饮水的水质有着明确的要求，如对化合物含量、pH 值、微生物含量以及微量元素等物质都做出了明确规定。目前很多地区的饮用水水质检测仍旧难以达到国家规定的饮用水质标准，这导致居民饮水的供水安全存在严重隐患。尤其是农村地区的水利基础设施建设不完善，容易对供水水水体造成二次污染，水体中的化合物与微量元素、重金属和细菌微生物超标均会对人体造成严重危害，影响居民的身体健康。

要确保我国各地区居民饮水供水安全，必须结合地区实际情况，合理配置优质水源，建设大水网、大水厂，保护饮用水源，提高居民的饮水安全意识，提倡节约用水，同时应不断改进饮用水安全管理机制，保护居民饮水的水源地，避免水资源污染，保证水资源供应充足，保障饮水供水安全。

3.2.3　水资源利用与保护

根据世界气象组织（WMO）和联合国教科文组织（UNESCO）的 *INTERNATIONAL GLOSSARY OF HYDROLOGY*（国际水文学名词术语，第三版，2012 年）中有关水资源的定义，水资源是指可利用或有可能被利用的水源，这个水源应具有足够的数量和合适的质量，并满足某一地方在一段时间内具体利用的需求。广义的水资源包括海洋、地下水、冰川、湖泊、土壤水、河川径流、大气水等各种水体；狭义的水资源指上述广义水资源范围内可以恢复更新的淡水水量中，在一定技术经济条件下，可以为人们所用的那一部分水以及少量被冷却的水。

水资源开发利用，是改造自然、利用自然的一个方面，其目的是发展社会经济。最初水资源开发利用目标比较单一，以需定供。随着工农业不断发展，水资源开发利用逐渐变为多目的、综合、以供定用、有计划有控制的开发利用。现在各国都强调在开发利用水资源时，必须考虑经济效益、社会效益和环境效益三方面。

水资源保护是指为防止因水资源不恰当利用造成的水源污染和破坏，而采取的法律、行政、经济、技术、教育等措施的总和。水资源保护的核心是根据水资源时空分布、演化规律，调整和控制人类的各种取用水行为，使水资源系统维持一种良性循环的状态，以达到水资源的永续利用。水资源保护不是以恢复或保持地表水、地下水天然状态为目的的活动，而是一种积极的、促进水资源开发利用更合理、更科学的问题。水资源保护与水资源开发利用是对立统一的，两者既相互制约，又相互促进。保护工作做得好，水资源才能永续开发利用；开发利用科学合理了，也就达到了保护的目的。

3.2.3.1 农业用水

1. 农业用水的概念

广义的农业用水涉及农林牧渔各子部门，而狭义的农业用水则单指灌溉用水，通常农业用水指用于灌溉和农村牲畜的用水。农业灌溉用水量受用水水平、气候、土壤、作物、耕作方法、灌溉技术以及渠系水利用率等因素的影响，存在明显的地域差异。由于各地水源条件、作物品种、耕植面积不同，用水量也不尽相同。

农业用水过程具有其自身的特性。农业用水时，水源自取水口取出后，依次流经干、支、斗、农等各级输水渠道，才能够到达需要灌溉的农田，这与工业用水、生态用水和日常生活用水有很大不同。农业用水需要统筹规划和科学调度，具有路线长和历时长的时空特征。

农业水价是农业部门的水资源供给价格，即农户使用 1 单位农业用水时应支付的相关费用。农业水价具有公益性和政策性，这与农业对灌溉的依赖性和国家粮食安全的重要性有关。为了保障国家粮食安全和农民基本收益，多年来我国农业部门始终执行低水价政策，造成了用水方式粗放、供水成本倒挂、工程运维管理不足等问题，威胁水环境和生态安全。2016 年起，我国在全国范围开展农业水价综合改革，希望可以解决农业用水过程中存在的诸多问题，促进农业节水和农田水利工程良性运转。由《国务院办公厅关于推进农业水价综合改革的意见》（国办发〔2016〕2 号）可知，农业用水的提价目标是要达到运行维护成本甚至全成本。就当前改革进展来看，农业水价达到运行维护成本的目标仍需努力，全成本则存在较大难度，因此当前阶段仍以达到农田水利工程的运行维护成本为改革目标。

2. 现代农业节水

农业是国民经济的基础性产业，是用水量最多和水资源占用比重最大的行业，也是节水潜力最大的行业，农业节水不仅关系到中国社会经济健康发展的全局性战略，也是确保中国粮食安全、生态安全和水安全的基本策略。

近年来生活、工业和农业用水比例基本在 1:3:6，农业用水所占比例可能在 2030 年前降低到不足 60%。为了确保 2030 年的中国粮食安全，农业用水量必将维持在较高的水平，基本维持在 3500 亿 m³ 左右。在农业用水中，农业灌溉用水所占比例最大，2008 年农业灌溉用水量占农业用水量的 90.2%；2010 年农业用水量占全部用水量的 73.6%，农业灌溉用水量占农业用水量的 85.6%。目前中国总灌溉面积的 97% 是地面灌水，而在北方地区，农业灌溉用水量占农业用水量的 85%，主要采用地面灌溉及井灌等传统灌溉模式。从水安全国家战略角度考虑，中国农业用水在未来一段时间仅能保持在负增长或零增长。

发展节水型农业、建设节水型社会是解决水资源短缺问题的必然选择。节水型农业是以提高农业用水效率为核心，以节水、增产、高效、优质为特征的现代农业，其核心就是采用先进的节水技术和合适农业生产技术，利用现有水资源，提高农业用水生产效率和利用率，保障农业可持续发展。

现代节水农业的发展也给我们提出了几个非常尖锐的问题：农业节水技术的发展对农业水资源综合利用水平的影响究竟有多大？农业水资源的综合利用效率是不是可以永无休止地提高，一直达到100%为止？这些问题的提出为农业节水潜力的计算与评价提供了广阔的空间。

节水潜力是用水单位在一定的社会经济技术条件下可以节约的最大水资源量。灌区农业节水潜力就是在某一特定历史发展阶段，采用某些农业节水措施，采取切实可行的农业管理措施，提高水分利用效率和水分生产率，从而可能节约的农业用水量。灌区农业节水潜力内涵包含以下几个方面：①在保证灌区农作物种植面积不萎缩、农产品产出总量不变或适当增加的基础上，实施节水技术措施和农田管理措施而减少的灌区耗水量；②提高灌区的水分利用效率和水分生产率，增加单位水量的干物质产量和粮食产量而节约的灌区耗水量。

3.2.3.2 工业用水

1. 工业用水的概念

工业用水指工业生产过程中使用的生产用水及厂区内职工生活用水的总称。生产用水主要用途是：①原料用水，直接作为原料或作为原料的一部分而使用的水；②产品处理用水；③锅炉用水；④冷却用水等。其中冷却用水在工业用水中一般占60%～70%。工业用水量虽较大，但实际消耗量并不多，一般耗水量约为其总用水量的0.5%～10%，即有90%以上的水量使用后经适当处理仍可以重复利用。

2. 工业用水的分类

现代工业用水系统庞大，用水环节多，用水量大，而且对供水水源、水压、水质、水温等有一定的要求。

（1）按用水的作用可以将工业用水分为以下几类：

1）生产用水。直接用于工业生产的水称为生产用水，包括冷却水、工艺用水、锅炉用水。

①间接冷却水。在工业生产过程中，为保证生产设备能在正常温度下工作，用来吸收或转移生产设备的多余热量，所使用的冷却水（此冷却用水与被冷却介质之间由热交换器壁或设备隔开），称为间接冷却水。

②工艺用水。在工业生产中，用来制造、加工产品以及与制造、加工工艺过程有关的这部分用水，称为工艺用水。工艺用水中包括产品用水、洗涤用水、直接冷却水和其他工艺用水。

③锅炉用水。为工艺或采暖、发电需要产汽的锅炉用水及锅炉水处理用水，统称为

锅炉用水。锅炉用水包括锅炉给水、锅炉水处理用水。

2）生活用水。厂区和车间内职工生活用水及其他用途的杂用水，统称为生活用水。

（2）按用水的过程可以将工业用水分为以下几类：

1）总用水。是指工矿企业在生产过程中所需用的全部水量，包括空调、冷却、工艺用水和其他用水。在一定设备条件和生产工艺水平下，其总用水量基本是一个定值，可以通过测试计算确定。

2）取用水。又称补充水，是指工矿企业取自不同水源（江河水、湖泊水或水库水、地下水、自来水或海水等）的总取水量。

3）排放水。是指经过工矿企业使用后，向外排放的水量。

4）耗用水。是指工矿企业生产过程中耗掉的水量，包括蒸发、渗漏、工艺消耗和生活消耗的水量。

5）重复用水。是指在工业生产过程中，二次以上的用水量。重复用水量包括在调查单位内部。对生产排放的水量直接或经过处理后回收再利用的水量，不包括调查单位从城市污水处理厂购买的中水。

（3）工业生产过程所用全部淡水（或包括部分海水）的引取来源，称为工业用水水源，按水源类型可将工业用水分为以下几类：

1）地表水。包括陆地表面形成的径流及地表储存的水（如江、河、湖、水库水等）。

2）地下水。包括地下径流或埋藏于地下的，经过提取可被利用的淡水（如潜水、承压水、岩溶水、裂隙水等）。

3）自来水。是指由城市给水管网系统供给的水。

4）海水。沿海城市的一些工业用作冷却水水源或为其他目的所取的那部分海水。

5）城市污水回用水。经过处理达到工业用水水质标准又回用到工业生产上来的那部分城市污水，称为城市污水回用水。

6）其他水。有些企业根据本身的特定条件使用上述各种水以外的水作为取水水源，称为其他水。

3. 工业用水的特点

（1）用水量大。我国城镇的工业取水量占全国总取水量的20%，但随着城市化和工业化进程的加快，城镇工业数量的大幅增长，用水量将逐渐加大。

（2）大量工业废水直接排放。我国城镇工业废水排放量约占总排水量的49%。由于绝大多数有毒有害物质随工业废水排入水体，导致部分水源被迫弃用，从而加剧了水资源的短缺。

（3）工业用水效率总体水平较低。我国工业用水重复利用率约为52%。国内地区间、行业间、企业间的差距也较大，重复利用率最高的达97%，而最低的只有2.4%。不少乡镇企业供水管道和用水设备"跑、冒、滴、漏"现象严重，地下水取水量逐年上升，浪费和漏失的水量高于取水量的 15%。

（4）工业用水相对集中。我国工业用水主要集中在纺织、石油化工、造纸、冶金等行业，其取水量约占工业取水量的 45%。

《国务院关于实行最严格水资源管理制度的意见》（国发〔2012〕3 号）指出，目前我国水资源短缺，用水方式粗放，且受到环境污染的影响严重，对社会经济发展造成阻碍。文件要求：全国用水效率在 2030 年达到或接近世界先进水平，万元工业增加值用水量降到 40m³/万元以下。

3.2.3.3　生态用水

1. 生态用水的概念

生态用水也称生态需水、生态环境用水，是近几年随着生态环境逐渐恶化而提出的新概念。广义上说，生态用水是指维持全球生态系统水分平衡所需要的水量，比如河流、湿地等维持本身功能所需要的水量。狭义上说，生态用水是指生态系统在一定环境水平下实际消耗的水量。生态用水是维持河湖生态系统结构完整性、连通性，保护河湖生物多样性和生态功能的基础。保障生态用水安全是维护河湖生态健康、生态安全，促进人与自然和谐共生的客观需求。

生态用水的提出主要是因为人们意识到了水资源的重要性和紧缺性，意识到水资源的缺乏阻碍了人类社会的发展，并威胁到了人类的生存环境。因此，生态用水的研究越来越重要和不可忽视。

对于河流生态用水而言，除维持基本河道不断流外，其主要目标是保证河道内水体质量及鱼类等水生生物生长繁殖需求，而流量、流速、水深及流量变化幅度等水文要素均是水生生物生态敏感期的影响因子。

水流过程是影响生境结构的关键因素，而栖息生境又是生物分布和丰度的决定性因素。根据满足水生生物繁殖、越冬的水文需求，建立水文要素与生境面积之间的定量关系，进而转化成生态用水过程。

2. 系统生态用水特征

系统生态用水不同于单个水体的生态用水，要结合其连通关系考虑生物与物质交换的用水要求，比如河沼生态系统，河流营养物质的输入对沼泽湿地内部自净能力及污染负荷的影响，以及鱼类洄游、觅食、越冬生境选择等问题。天然状态下，当上游河道径流量达到生态流量的要求时，可认为沼泽湿地也相应满足需水量要求。然而随着工程建设及河道演变导致得河沼连通关系的改变，沼泽需水与河流需水的对应关系也随之改变，需要从时间及空间两方面进行分段考虑。

时间分段：生态需水过程主要依据典型生物生命全周期需水进行研究，对于河沼系统，其相对复杂的自然生境，为珍稀水禽和鱼类等水生生物提供了丰富的栖息环境，不同时段生态保护目标和需水要求不同。例如，在乌裕尔河下游及扎龙湿地河沼系统中，首先需要厘清湿地以丹顶鹤栖息繁殖为重点的生态保护目标需求，进而从典型鸟类筑巢、孵化期，鱼类洄游、产卵、越冬，芦苇出芽、生长等生态敏感期作为时间分段依据。

空间范围：不同的水流过程提供了不同的生境条件，鱼类洄游、产卵多在河流中进行，而鱼类越冬和鸟类生长生境则更多分布在沼泽湿地中，因此在空间上，河流生态流量主要依据鱼类繁殖期需求，而沼泽生态需水重点结合鸟类及植物生长需求进行分析。河沼系统中，下游河段是河流研究的重点，下游的河流并不一定是产卵场，但一定是洄游渠道，所以对于河沼系统河流生态需水，在洄游期是否有足够的水文条件满足鱼类洄游的需求，是需要首先考虑的一个重要问题。

3. 系统生态保护目标

生态保护目标的制定应基于生态环境现状，综合考虑生物需求及水文条件加以确定。水系统独特的水文特征，决定了其具有独特的生态环境为水生动植物提供了绝佳的栖息繁殖生境，从而蕴涵了丰富的生物资源。

（1）水域空间保护目标。水域空间是众多珍稀水禽赖以生存的栖息地，从食物链的角度，珍稀鸟类是水域系统最具指示性的生态因子，其栖息繁殖生境与水面面积、水深有着直接的关系。水域空间不足，水体生境退化发生演变，鸟类等生物的栖息地分布范围压缩，这直接影响珍稀鸟类的栖息和繁殖。对于水系统而言，水域空间决定了生物栖息、繁殖以及觅食等生命活动的范围，同时也是评价系统生态健康最重要的水文指标。

（2）水域空间生态需水目标的确定。在水系统中，保障水域空间的生态需水安全是维持水体内生态系统稳定和系统补水的基本保证。当水域空间为河道时，在河流水生态系统中有着众多生物因子，鱼类群体对河流的水文条件如流速、水温和河床侵蚀等变化十分敏感，而且一般情况下鱼类作为水生态系统中的顶级群落，可以反映水生态系统的总体健康状况，与其他水生生物的监测数据相比，更容易获得、便于管理，因此以鱼类栖息繁殖水文要求作为河流生态需水的基本保障目标是切实可行的。当水域空间为沼泽湿地时，沼泽湿地生态需水主要包括蒸发、下渗的耗损量及满足水生植物生长、动物栖息繁殖需要的地表蓄水量。而沼泽系统中，水位的变化与来水量、水面面积等密切相关，可以通过水位来确定需水目标。沼泽生态水位的确定与沼泽湿地的保护目标有关，只有确定明确的生态目标，才能确定相应的水面面积、水位等参数。

4. 人工生态环境补水

生态补水是做好水资源综合治理与保护体系中不可或缺的一项内容，旨在恢复河道基流，提升地下水位，增强河水自净能力，促进河道生态恢复，缓解河道周边生态恶化，进一步提升水生态环境。南水北调中线通水以来，经过几年的连续补水，使得30余条河流的水量得以补充，河道重现往日的生机。通过补水，改善了受水地区水体的自净能力；改善了水质，改善了水文地质条件，提高了地下水位；控制了地面下沉带来的危害；促进了受水地区的生态环境向良性方向发展。

3.2.3.4　生活用水

生活用水一般是指人们因生活需要而耗用的水，包括城镇生活用水和农村生活用水。城镇生活用水由居民用水和公共用水（含服务业、餐饮业、货运邮电业及建筑业等用水）组成，农村生活用水除居民生活用水外还包括牲畜用水在内。

作为影响用水总量的主要因素，城市家庭生活用水正引起政策制定者的关注。严控城镇用水红线、提高水资源利用效率、改善城镇居民用水行为，已成为区域水资源安全的重要保障。

1. 城镇生活用水

城镇生活用水行为即是一个基于预算和价格实现城市居民生活用水效用最大化的决策过程，也是一个认知、学习和信息处理的过程。同时，水消费行为也是一种基于社会成员组成关系的社会行为，是一个难以具体化的概念，现在大多采用耗水量指标体现。鉴于国情与生活方式的差异，城市居民生活用水包括城市居民的室内用水，即烹饪、饮用、淋浴、洗衣和厕所用水等。

城镇生活用水家庭水资源消耗者由于受到内在认知和外界信息的共同影响，会展现出一系列行为特征。按照行为特征的来源，可以分为有限理性和社会互动。行为的有限理性特征主要解释了个体行为的非理性特征与态度-行为、知识-行为和利益-行为之间的矛盾。居民个体如何看待和利用水资源直接影响到需水侧管理和节水策略的有效实施，居民的节水态度越积极，其用水行为正向改变的可能性越高，但居民对用水的看法往往与实际用水量不匹配。在对 776 个中国家庭的用水模式调查中观察到，人们的用水量与实际消费之间的差距随着教育程度和收入水平的增加而增加。与没有受过正规教育的人相比，受过良好教育的人们通常更加致力于节水，但实际上却消耗更多水，存在个体在知识-行为、利益-行为上的矛盾。

城镇生活用水行为的社会互动特征主要解释了个体行为向规范行为靠拢的遵从性特征，包含向他人学习节水技能等与节水相关的人际互动行为，这一特征也促进了新技术的扩散和传播。社会互动主要通过规范性影响和信息性影响两种途径产生作用。规范性影响指周围朋友、邻居或亲人的节水行为对个人行为和决策产生正向规范性作用，社会互动的规范消息是有效的，重复此类消息可以实现长期节水。同时，小范围集中的互动行为提升了新技术的推广。

2. 农村居民生活用水

我国有约一半以上的人口（7.4 亿人）居住在农村地区，农村生活用水是水资源需求的重要组成部分。因位置偏远，加之资金与技术的缺乏，导致农村生活用水供给薄弱。目前农村地区饮水安全问题已成为影响居民健康、生活水平提高以及社会安定的主要因素。当前我国农村生活用水总量不足，加之农村饮水安全问题依然存在，因此保障农村生活用水安全一直是各级政府工作的重点。

2000 年以来，部分流域农村生活用水需求急剧增加，一方面经济与生活水平提高，促使了生活用水需求的增加；另一方面农村供水条件的改善又加剧了家庭用水的需求。需求量的增加与落后的用水管理，致使部分供水系统已不能满足居民用水的需求，而采用间歇式（控制供给时间）供水方式。

当前，针对水资源需求持续增加的状况，政府与相关部门推出了一系列管理策略与措施来保证生活用水供给稳定。管理措施由最初使用水价调节居民用水需求，扩展到一些非价格措施，如节水宣传、供水限制、节水器具推广等，均受到广泛关注。从供给者角度，水价、供水成本等经济因素是他们关注的焦点；而从使用者角度，供给时间保证、分配公平性以及水价合理性等则是其关心的重点。因此生活用水管理策略的制定不但要考虑供给者的需求，更要从用户角度出发，揭示居民用水行为，研究供水方式、管理措施等对居民用水行为的影响。

此外，相对于城市生活用水而言，农村生活用水管理与供给因受当地经济与社会条件的制约，不同村庄间的生活用水供给与管理策略迥异。因此更需要深入分析在当前错综复杂的供给方式与供给时间限制下的家庭生活用水行为，为流域农村生活用水的综合规划与管理提供参考。

拓展阅读

2020 年 1 月 16 日，国家发展和改革委员会发布了全国农村公共服务典型案例——山东嘉祥：城乡一张网打破二元供水格局。

为彻底打破城乡"二元"供水格局，自 2016 年起，地处鲁西南，地质性缺水、财政薄弱的嘉祥县，按照"农村供水城市化、城乡供水一体化"的发展理念和"规模化发展、标准化建设、市场化运作、企业化经营、专业化管理"的运营思路，将数亿元资金"埋在地下"，对水源、水厂及供水管网等工程进行改造提升，启动实施"群众看不见摸不着"却"充满获得感"的城乡供水一体化工程。目前，嘉祥县累计完成投资 5.2 亿元，主管网铺设到全部 532 个村村头，其中 449 个村已通水运行，受益群众 58 万人。2019 年年底前，完成剩余村村内改造，全面实现城乡供水"同质、同网、同源、同服务"。

城乡供水一体化是城乡公共服务一体化的重点和难点之一。山东嘉祥"城乡共饮一碗干净水"试点，依托国家重大工程和政策，整合资金资源，实现了较高标准的城乡供水一体化。项目覆盖充分，实现了水源水质、管网硬件、管理机制和标准的良好衔接，专业化和信息化基础扎实，为城乡水环境治理打下良好的基础，为其他地方切实解决农村饮水安全提供了可复制的经验。通过市场化运营和规模化运作，降低水务服务的供给和使用成本，有助于提高项目的长期可持续性。

3.3　水生态安全

水生态是指环境水因子对生物的影响和生物对各种水分条件的适应。生命起源于水中，生物体不断地与环境进行水分交换；水是一切生物的重要组分，环境中水的质（盐度）和量是决定生物分布、种的组成和数量，以及生活方式的重要因素。

3.3.1　水生态安全的概念

水生态安全是指人们在获得安全用水的设施和经济效益的过程中所获得的水既满足生活和生产的需要，又使自然的生态环境得到妥善保护的一种社会状态，是水生态资源、水生态环境和水生态灾害的综合效应，兼有自然、社会、经济和人文的属性。水生态安全包括三个方面：一是水生态安全的自然属性，即产生水生态安全问题的直接因子是自然界水的质、量和时空分布特征；二是水生态安全的社会经济属性，即水生态安全问题的承受体是人类及其活动所在的社会与各种资源的集合；三是水生态安全的人文属性，即安全载体对安全因子的感受，是人群在安全因子作用到安全载体时的安全感。

水生态安全是生态安全的重要组成部分，是保障生态安全的重要前提与基础。水生态安全建设不仅关系到水资源和水环境文明的发展，更关系到与水资源、水生态有关的经济、社会的进步与发展。

3.3.2　水生态系统与水域生态系统

1. 水生态系统

水生态系统亦称为水生生态系统，是指水生生物群落与水环境构成的生态系统。水体为水生生物的繁衍生息提供了基本的场所，各种生物通过物质流和能量流相互联系并维持生命，形成了水生生态系统，其构成要素有生产者、消费者、分解者和非生物类物质四类。

天然水体对排入其中的某些物质具有一定限度的自然净化能力，使污染的水质得到改善。但是如果污染物过量排放，超过水体自身的环境容量，这种功能就会丧失，从而导致水质恶化。

水体受到严重污染后，不但直接危害人体健康，首当其冲的是水生生物。因为在正常的水生生态系统中，各种生物的、化学的、物理的因素组成高度复杂、相互依赖的同一整体，物种之间的相互关系都维持着一定动态平衡，也就是生态平衡。如果这种关系受到人为活动的干扰，如水体受到污染，那么这种平衡就会受到破坏，使生物种类发生变化，许多敏感的种类可能消失，而一些忍耐型种类的个体将大量繁殖起来。如果污染程度继续发展和加剧，不仅将导致水生生物多样性的持续衰减，还会使水生生态系统的结构和功能遭到破坏，其影响十分深远。

水生态系统主要包括海洋生态系统、淡水生态系统和湿地生态系统三类。

（1）海洋生态系统。海洋生态系统是生物圈内面积最大、层次最丰富的生态系统。海洋生态系统的生产者，主要包括海岸带高大而常绿的红树林、大小不一的藻类及大量的浮游植物，它们生活在浅海几米到几十米的深处，在海洋生态系统中占有非常重要的地位，是海洋生产力的基础，也是海洋生态系统能量流动和物质循环的最主要的环节。消费者包括海洋中所有动物，一级消费者有甲壳类和桡足类，其他消费者包括海洋鱼类、哺乳类、爬行类、海鸟以及某些软体动物（乌贼）和一些虾类等。

（2）淡水生态系统。淡水生态系统通常是互相隔离的，它包括大多数江河、湖泊、池塘和水库等。目前人类比较容易利用的淡水资源主要是河流水、淡水湖泊水以及浅层地下水，这些淡水资源约占全球淡水总储量的 0.3%，仅占全球总储水量的十万分之七。淡水主要靠降水补给，它是人类利用时间最长、利用率最高的一类水体。淡水生态系统中的生产者，包括体积极小的浮游植物，如硅藻、绿藻和蓝藻等；水面生活的大型水生植物，如紫背浮萍、水浮莲及凤眼莲等；岸边植物如芦苇和香蒲等。以这些植物为食的枝角类、桡足类和草食性鱼类是一级消费者，以植食性动物为食的肉食性动物为二级及以上消费者，如青鱼、狗鱼等。

（3）湿地生态系统。湿地是指不论其为天然或人工、长久或暂时的沼泽地、泥炭地或水域地带，带有静止或流动，淡水、半咸水或咸水水体者，包括低潮时水深不超过 6m 的水域，是介于陆地和水生环境之间的过渡区域。由于水陆相互作用形成了独特的生态系统类型，兼有两种生态系统的某些特征，广泛分布于世界各地。据统计，全世界共有湿地 8.56 万 km^2，占陆地面积的 6.4%（不包括海滨湿地）。其中，以热带比例最高，占湿地总面积的 30.28%，寒带占 29.89%，亚热带占 25.06%，亚寒带占 11.89%。湿地生态系统主要包括湖泊湿地、沼泽湿地和海滨湿地三种类型，被一些科学家称为"地球之肾"。

2. 水域生态系统

水域生态系统与水生态系统有所不同。水域生态系统是指在一定的空间和时间范围内，水域环境中栖息的各种生物和它们周围的自然环境所共同构成的基本功能单位。它的时空范围有大有小，大到海洋，小到一口池塘、一个鱼缸，都是一个水域生态系统。按照水域环境的具体特征，水域生态系统可以划分为淡水生态系统和海洋生态系统。

水域生态系统的非生物成分包括生物生活的介质——水体和水底，它决定了水温、盐度、水深、水流、光照及其他物理因素，参加物质循环的无机物（碳、氮、磷等）以及联系生物和非生物的有机化合物，如蛋白质、碳水化合物、脂类、腐殖质等。水域生态系统的生物成分按其生活的方式可分为漂浮生物、浮游生物、游泳生物、底栖生物和周丛生物等 5 大生态类群，按其生态机能则可分为生产者、消费者、分解者和有机碎屑

4 类。

在水域生态系统中，除了以初级生产者为起点的植食食物链外，还存在以细菌为基础的腐殖食物链和以有机碎屑为起点的碎屑食物链。

3.3.3 水生态承载力

近年来，随着我国社会经济的快速发展，资源能源耗量大幅度增加，流域内污染排放强度加大，排污负荷增高，污染物排放量远超过受纳水体的环境容量，导致水生态系统平衡失调，水生态系统社会服务功能减弱甚至丧失。因此，社会经济的发展必须以水生态承载力为基础。

水生态承载力是指流域水资源能够确保流域生态系统健康和社会经济持续发展的能力，既涉及流域内水资源利用的各个部分及其在水资源利用的时间、空间和方式（如自然降水、灌溉或人工影响天气等）方面的差异，更涉及流域作为一个整体对水资源在各个部分以及水资源供给的时间、空间和方式方面的合理安排。因此，要实现流域生态保护与高质量发展，既要考虑整体性，即上游、中游和下游及其相互作用组成的流域整体，也要考虑流域及其作为地球系统组成部分受各圈层相互作用在时间和空间上的连续变化，即时空连通性。

水生态承载力以流域水生态系统结构和功能的完整性为核心目标，兼具自然属性和社会属性。

1. 水生态系统结构和功能完整性

水生态系统是由水生生物群落与水环境共同构成的具有特定结构和功能的动态平衡系统。它通过系统内部不同生态过程以及系统与陆地生态系统、社会经济系统相互作用，维持水生态系统的完整性，从而提供不同的生态服务功能。流域水生态承载力定义的界定与研究工作应把流域水生态系统结构和功能的完整性保护作为出发点和归宿点。

2. 自然属性

流域水生态承载力具有自然属性，表现为水生态子系统的自然承载力，即生态系统承载能力的直接体现。水生态承载力自然属性中，保持水生态系统生境健康的水量因子体现为生态环境需水量。所谓水生态系统生态环境需水量是指以水文循环为纽带、从维系生态系统自身生存和环境功能角度，相对一定环境质量水平下客观需要的水资源量。进一步讲，最小生态环境需求量是维系生态系统最基本生存条件及其最基本环境服务功能所需求的水资源阈值。

水质因子的约束作用体现在两个方面：一方面水中生物生存和发展需要一定的营养物质，对水质有基本的要求；另一方面，保持水生态系统良好状态条件下，水生态系统所能承纳的污染物性质和数量是一个阈值。进入水体中的污染物，其性质和水量一旦超过水生态系统所能承纳的阈值，生物生长将受到抑制。

3. 社会属性

流域水生态承载力具有社会属性，表现为两个方面：一方面是水生态系统在满足自身生境健康状态条件后，仍能提供的自然容量；另一方面体现随人口社会经济的发展而产生的人工容量。恢复和保护流域区水生态系统结构和功能，要从水生态承载力的社会属性出发，加大科学技术投入和治理投入，提高社会环保意识，增加人工容量。另外，通过产业结构调整和优化，控制和降低污染物的排放，以及通过各种生物、化学和工程等手段，改善水质，使河流和湖泊生态系统的健康能得到恢复。

水生态系统具有自然和社会双重属性，它不仅是水生生态系统的物质基础，也是生态系统中水生生物群落的栖息地，同时也承担着一定程度下的人类社会经济活动的社会责任。水生态系统的自然和社会双重属性，对维护水生生物群体的完整性、多样性和生态系统的平衡以及社会经济环境协调发展有着十分重要的支撑作用。因此，健康的水生态系统表现在既可以承纳该流域范围内一定的人类活动程度，包括人口数量、水资源开发利用程度、工农业生产生活排放进入水体的污染负荷等，又能够保证水生态系统结构和功能不受影响下满足该水体的水生态可承载能力。

3.3.4 生态需水量

生态需水量是指一个特定区域内的生态系统的需水量，并不是指单单的生物体的需水量或者耗水量。广义的生态需水量是指维持全球生物地理生态系统水分平衡所需用的水，包括水热平衡、水沙平衡、水盐平衡等；狭义的生态环境用水是指为维护生态环境不再恶化并逐渐改善所需要消耗的水资源总量。

生态需水量的确定，首先要满足水生生态系统对水量的需要；其次，在此水量的基础上，要使水质能保证水生生态系统处于健康状态。生态需水量是一个临界值，当现实水生生态系统的水量、水质处于这一临界值时，生态系统维持现状，生态系统基本稳定健康；当水量大于这一临界值，且水质好于这一临界值时，生态系统则向更稳定的方向演替，处于良性循环的状态；反之，低于这一临界值时，水生生态系统将走向衰败干涸，甚至导致沙漠化。

生态需（用）水量包括以下几个方面：

（1）保护水生生物栖息地的生态需水量。河流中的各类生物，特别是稀有物种和濒危物种是河流中的珍贵资源，保护这些水生生物健康栖息条件的生态需水量是至关重要的。需要根据代表性鱼类或水生植物的水量要求，确定一个上限，设定不同时期不同河段的生态环境需水量。

（2）维持水体自净能力的需水量。河流水质被污染，将使河流的生态环境功能受到直接的破坏，因此，河道内必须留有一定的水量维持水体的自净功能。

（3）水面蒸发的生态需水量。当水面蒸发量高于降水量时，为维持河流系统的正常生态功能，必须从河道水面系统以外的水体进行弥补。根据水面面积、降水量、水面蒸发量，可求得相应各月的蒸发生态需水量。

（4）维持河流水沙平衡的需水量。对于多泥沙河流，为了输沙排沙，维持冲刷与侵蚀的动态平衡，需要一定的水量与之匹配。在一定输沙总量的要求下，输沙水量取决于水流含沙量的大小。对于北方河流系统而言，汛期的输沙量约占全年输沙总量的 80% 以上。因此，可忽略非汛期较小的输沙水量。

（5）维持河流水盐平衡的生态需水量。对于沿海地区河流，一方面由于枯水期海水透过海堤渗入地下水层，或者海水从河口沿河道上溯深入陆地；另一方面地表径流汇集了农田来水，使得河流中盐分浓度较高，可能满足不了灌溉用水的水质要求，甚至影响到水生生物的生存。因此，必须通过水资源的合理配置补充一定的淡水资源，以保证河流中具有一定的基流量或水体来维持水盐平衡。

无论是正常年份径流量还是枯水年份径流量，都要确保生态需水量。为了满足这种要求，需要统筹灌溉用水、城市用水和生态用水，确保河流的最低流量，用以满足生态的需求。在满足生态需水量的前提下，可就当地剩余的水资源（地表水、地下水的总和中除去生态需水量的部分）再对农业、工业和城镇生活用水进行合理的分配。同时，按已规定的生态需水水质标准，限制排污总量和排污的水质标准。

3.3.5 水生态安全评价

水生态安全评价是对水生态系统安全状态优劣的定量描述，指以水为主线的复合生态系统发展受到一个或者多个威胁因素影响后，对水生态系统以及由此产生的不利后果的可能性进行评估，其中复合生态系统是指经济-社会-自然系统。

水生态安全评价具有复杂性、综合性、跨领域、多学科、复合系统等基本特征，主要表现在以下几个方面：

（1）水生态安全评价是对人类以水为主线的生存环境和生态条件安全状态的评判，既包括自然环境（资源子系统-环境子系统-生态子系统），也包括经济、社会环境。

（2）水生态安全评价属于系统评价。水生态安全评价就是要研究确定以水为主线的人类（经济、社会属性）、自然（环境属性、资源属性、生态属性）系统的安全状态。

（3）水生态安全评价的相对性。没有绝对意义的安全，只有相对意义的安全，水生态安全的目标并不是否认经济社会的发展，只是在人与自然和谐的基础上，寻求最佳水平的相对安全程度。

（4）水生态安全评价的动态性。水生态安全要素、区域或国家的水生态安全状况并不是一成不变的，它随着环境的变化而变化。当由于水生态系统自身或由于人类经济社会活动产生的不良影响反馈给人类生活、生存和发展时，将导致安全程度发生变化，甚至由安全变为不安全。

（5）水生态安全评价以人为本。水生态安全评价的标准是以人类所要求的水生态因子的质量来衡量的，其影响因子较多，包括以水为主线的人类-自然各系统中的因素，包括人为因素（经济属性、社会属性）和自然因素（资源属性、环境属性、生态属性），均是以是否能满足人类正常生存与发展的需求作为衡量标准。

（6）水生态安全评价的空间异质性。水生态安全的威胁往往具有区域性、局部性特点，某个区域不安全并不直接意味着另一个区域也不安全，而且对于不安全的状态，可以通过采取措施加以减轻，即人为调控。

（7）水生态安全的威胁绝大多数来自于系统内部。水生态安全的威胁主要来自于人类的经济社会活动。人类活动引起了以水为主线的复合生态系统破坏，对整个系统造成威胁。要通过人为调控减轻影响，人类就必须付出一定的代价。

拓展阅读

城市黑臭水体整治是打好污染防治攻坚战的重要一环。2020年7月，在生态环境部、住房和城乡建设部联合开展的城市黑臭水体整治专项督查中，评选出全国黑臭河流生态治理十大案例。

一、海口美舍河

经过一年零五个月，20多位设计师的全身心投入，用一条河流的新生（图3.2），满足了海口人心底桃源再现的期待。

二、北京永兴河

在响应国家生态文明与海绵城市建设的倡导下，项目将一条防洪排水职能渠，变成了一片城市海绵。

三、唐山迁安三里河

项目综合运用雨洪生态管理的渗透、滞蓄和净化技术，以及与水为友的适应性设计，并结合污染和硬化河道的生态修复，用最少的钱干预，保留现状植被，融入艺术装置和

图3.2　海口美舍河流域

慢行系统，并将生态建设与城市开发相结合，构建了一条贯穿城市的、低维护的生态绿道，为城市提供全面的生态系统服务。

四、六盘水水城河

项目将城市雨洪管理、水系统生态修复、城市开放空间的系统整合与城市滨水用地价值的提升有机结合在一起，充分发挥了景观城市生态基础设施综合的生态系统服务功能。

五、浦江浦阳江

浙江的"五水共治"是从治理金华浦江县的母亲河浦阳江开始的。项目实践了

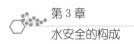

通过最低成本投入达到综合效益最大化的可能,并为河道生态修复以及河流重新回归城市生活的设计理念提供了宝贵的实际经验。

六、台州永宁江

秉承与洪水为友的理念,项目砸掉了以单一防洪为目的的水泥防洪堤,取而代之是缓坡入水的生态防洪堤,恢复河道的深潭浅滩,与洪水相适应,引入大量乡土植物,使河流生态系统得以修复,并成为城市居民的优美休憩地。

七、上海黄浦江后滩公园

后滩公园利用内河人工湿地带对黄浦江受污染的水进行生态水质净化,采用了加强型人工湿地净化技术。来自黄浦江的江水进入人工湿地后,随梯田高度和植物高低的落差逐级下渗,经过层层过滤,从劣 V 类水提升为 III 类水;设计的湿地水体净化处理能力为 2400m/d。

八、秦皇岛汤河(二期)

不同于中国的传统河道改造工程,秦皇岛汤河公园以最小干预设计保护了自然、展示了自然,创造性地将艺术融于自然景观之中。

九、宿州汴河

项目运用生态设计手法建立了景区内完整的雨水收集系统、开放空间系统和慢行交通系统。生动展示了人与环境和谐共处的场景,实现了景观的生态弹性,以及"城市与洪水为友"的设计理念。

十、海口五源河

五源河的治理是"生态水利工程+湿地公园"的典范。2017 年,海口市委、市政府及时叫停五源河硬渠化水利工程,将已开工建设的"三面光"河堤硬质护岸全部重新恢复成自然河流形态。把生态治水、河长制、海绵城市和湿地保护恢复有机结合,构建可持续的"库塘-河流-近海海岸"生态系统,同时规划打造五源河国家湿地公园。

项目采用"河流生命景观柔性设计",将水利防洪安全、城市市政使用功能与河流湿地生态功能相结合,通过自然河流的形态修复、动物栖息地的营造、植物群落构建和水环境治理等方式,重建五源河"河道-深潭-浅滩-沙洲"系统,从而保护五源河流域"库塘-河流-近海与海域"复合湿地生态系统的稳定性和健康性,把自然河道和水利工程融为一体,为市民打造一个亲近自然、生物的理想去处和场所。

3.4 水环境安全

3.4.1 水环境安全的相关概念

水环境是指自然界中水的形成、分布和转化所处空间的环境,是指围绕人群空间及可直接或间接影响人类生活和发展的水体，其正常功能的各种自然因素和有关的社会因素的总体。也有的指相对稳定的、以陆地为边界的天然水域所处空间的环境。地表水环境包括河流、湖泊、水库、海洋、池塘、沼泽、冰川等，地下水环境包括泉水、浅层地下水、深层地下水等。按照环境要素的不同，水环境可以分为海洋环境、湖泊环境、河流环境等。水环境是构成环境的基本要素之一，是人类社会赖以生存和发展的重要场所。

随着工业化进程的加快，人类用水活动增加，水污染事件时有发生，水环境面临着前所未有的压力，是受人类干扰和破坏最严重的领域，水环境的污染和破坏已成为当今世界主要的环境问题之一，其安全问题也得到了国际社会的广泛关注。

"无危则安，无缺则全"。安全指的是事物的危险程度能够被人们所接受的一种状态。环境安全是在环境问题日益突出的背景下提出的，当环境遭到污染和破坏时，若其在环境自净能力之内，即环境在一定时期内可恢复到原来的状态，那么可以认为这种破坏对环境系统来说是安全的。

水环境安全是 20 世纪 70 年代提出的重要概念，是指水体的形成、分布和转化所处空间的环境在一定时期内能够恢复自净、能够保障人类社会各个系统的协调稳定发展及可持续发展的一种状态。水环境安全具有双重属性：水环境作为生态环境系统的组成部分，具有自然属性；由于水体属于可供人类生产生活使用的水资源的范畴，因此水环境还具有资源属性。水环境安全的内涵包括三方面的内容：一是水环境安全的自然属性，即水环境安全问题是水体的量、质以及时空分布变化产生的问题；二是水环境安全的社会属性；三是水环境安全的人文属性，人类过度开发和利用水资源，造成水环境破坏，会引发水环境安全问题，从而使人类产生危机感。

3.4.2　水环境质量标准

水环境质量标准是为控制和消除污染物对水体的污染，根据水环境长期和近期目标而提出的质量标准。除制订全国水环境质量标准外，各地区还可参照实际水体的特点、水污染现状、经济和治理水平，按水域主要用途，会同有关单位共同制订地区水环境质量标准。

水环境质量标准，也称水质量标准，是指为保护人体健康和水的正常使用而对水体中污染物或其他物质的最高容许浓度所作的规定。按照水体类型，可分为地表水环境质量标准（表 3.5）、地下水环境质量标准和海水环境质量标准；按照水资源的用途，可分为生活饮用水水质标准、渔业用水水质标准、农业用水水质标准、娱乐用水水质标准、各种工业用水水质标准等；按照制定的权限，可分为国家水环境质量标准和地方水环境质量标准。

水环境质量直接关系着人类生存和发展的基本条件。水环境质量标准是制定污染物排放标准的根据，也是确定排污行为是否造成水体污染及是否应当承担法律责任的根据。

《中华人民共和国水污染防治法》规定，国务院环境保护部门制定国家水环境质量标准。省、自治区、直辖市人民政府可以对国家水环境质量标准中未规定的项目，制定地方补充标准，并报国务院环境保护部门备案。

表 3.5 地表水环境质量标准基本项目标准限值

序号	项目		I 类	II 类	III 类	IV 类	V 类
1	水温/℃		人为造成的环境水温变化应限制在：周平均最大温升≤1 周平均最大温降≤2				
2	pH 值（无量纲）		6～9				
3	溶解氧/(mg/L)，	≥	饱和率90% （或7.5）	6	5	3	2
4	高锰酸盐指数/(mg/L)，	≤	2	4	6	10	15
5	化学需氧量(COD)/(mg/L)，	≤	15	15	20	30	40
6	五日生化需氧量（BOD$_5$）/(mg/L)，	≤	3	3	4	6	10
7	氨氮（NH$_3$-N）/(mg/L)，	≤	0.15	0.5	1.0	1.5	2.0
8	总磷（以P计）/(mg/L)，	≤	0.02（湖、库0.01）	0.1（湖、库0.025）	0.2（湖、库0.05）	0.3（湖、库0.1）	0.4（湖、库0.2）
9	总氮（湖、库，以N计）/(mg/L)，	≤	0.2	0.5	1.0	1.5	2.0
10	铜/(mg/L)，	≤	0.01	1.0	1.0	1.0	1.0
11	锌/(mg/L)，	≤	0.05	1.0	1.0	2.0	2.0
12	氟化物（以F$^-$计）/(mg/L)，	≤	1.0	1.0	1.0	1.5	1.5

注 资料来源于《地表水环境质量标准》(GB 3838—2002)。

3.4.3 水环境安全问题

河口是河流进入海洋或其他水体的入口，是水陆交接地带的水体。河口及其周边地区资源丰富，往往是人类活动密集的地区和经济中心，如长江口、黄河口和珠江口。近几十年来，随着经济的快速发展，工业生产废水、农业排水以及生活废水的排放越来越多，最后污水排向河口并流入海洋，造成河口水污染，水环境安全问题越来越严重。虽然水体有一定的自净能力，能通过各种反应过程将污染物进行降解或转化，但一旦污染负荷过重，水体就不能完全净化污染物，从而对水环境产生不利影响。

河口与河网地区水环境安全问题较多，比较典型的有重金属超标问题和富营养化问题等水质污染问题。比如爆发在 20 世纪 30 年代日本神通川流域的镉污染事件，镉的超标造成周围的耕地和水源皆受到污染。2005 年，广东北江镉污染事件轰动全国。2012 年，广西龙江也爆发重金属镉超标事件，污染导致大约 28.1 万尾鱼死亡，附近群众的生活用水受到较大的影响。富营养化是由于氮、磷等营养物质过多地排入到水体中而造成的生态异常现象，常会引发赤潮，影响鱼类的生存，恶化生态系统。我国的水体富营养化现象非常严峻，武汉东湖、南京玄武湖、杭州西湖、济南大明湖等湖泊均受到过富营养化作用的影响。沿海赤潮也时有发生，河北黄骅县到天津塘沽的一百多里沿海曾出现过罕见的大规模赤潮，造成养虾产业的严重损失。1998年香港海与广东珠江口附近海域发生赤潮事件，给香港和大陆都造成巨额经济损失。

重金属是地球环境中普遍存在的一种污染物，它性质稳定、难以分解、毒性大，且能通过食物链层层累积，最终对人类及其他生物体造成重大危害，甚至可能导致生物体的畸变或癌变。水体一旦被重金属污染，就很难通过生态系统的自净能力来消除，只能通过化学沉淀与底泥结合或发生物理化学作用而分散、富集和迁移。重金属污染物可通过农业、工业及生活废水的排放进入水体，并能缓慢地沉积到底泥中。进入底泥的重金属不但容易被底栖动物所误食，还会被再次释放到上覆水，造成水体的重金属二次污染。

富营养化主要是由于氮磷含量过高引起的。无机氮主要来源于流域内农田氮肥的使用和流失，以及生活污水的排放；无机磷则来源于沿岸地区的排放和外海的输入。由于水体营养程度的上升，水体中浮游生物的生产率也随之增加，因此适当的水体营养化是有益于水产养殖和渔业生产的，但是人类的活动往往会影响水体生态系统本身的平衡，从而引起富营养化。富营养化会导致浮游生物大量繁殖，降低水体的透明度，同时，繁殖过程和繁殖过程中产生的有机物的腐烂过程会消耗大量的氧气，影响了深水域生物的生长。并且，在深层的缺氧环境中，厌氧细菌为新陈代谢会消耗硝酸盐和硫酸盐，产生硫化氢、氨气等有毒气体，导致底栖生物大量死亡，这又让厌氧细菌有了更多的原料而迅速繁殖，造成恶性循环。由此，富营养化最终会改变水体中的生物结构，也使得整个生态平衡发生改变。

鉴于重金属污染与富营养化危害严重，因此，对水体进行水环境安全评估具有十分重要的意义。

3.4.4　水环境承载能力

水环境承载能力，指的是在一定的水域，其水体能够被继续使用并保持良好生态系统时，所能容纳污水及污染物的最大能力。在一些发达国家，要求城市和工业做到零排放，一方面节约用水，用水量零增长；另一方面对污水处理做到零排放。有的国家提出水体自净能力的概念，即水环境承载能力等于水体自净能力。

人类社会进入20世纪后，生产力飞速发展，环境污染日趋严重，在某些地区资源的掠夺性开发及环境污染已威胁着人类自身的生存，人们开始思考一个问题：这种生活模式能够维持多久？什么是健康的经济发展模式？因而出现了可持续发展的观点。1987年，世界环境与发展委员会及挪威首相希伦特兰（Brundtland）提出了《我们共同的未来》这

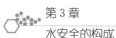

份著名的纲领性报告，可持续发展的概念被定义为"即满足当代人的需要，又不对后人满足其自身需要的能力构成危害的发展"。为了实现可持续发展人们很自然地提出了环境承载能力的问题，即人们寻求的资源开发程度和污染水平，不应超过环境承载能力。各国在自己的发展战略中都作出了有法律约束力的规定。如我国科学技术委员会发布的《中国技术政策：环境保护》蓝皮书中指出：区域的开发建设，要进行经济、社会发展、资源、环境承载能力的综合平衡，并按"三同步"的原则加以实施。在编制区域规划和城市总体规划时，必须编制环境规划。虽然环境承载能力被提了出来，但在初期其定义、内容、研究方法并非十分明确。从事环保工作的研究者，把它理解成环境自净能力。他们认为，污染物排入环境之后，在物理、化学和生物作用下，会使其迁移、稀释、同化分解及转化，逐步消除污染，达到自然净化，因而，称环境的这种能力为对废物的承载能力，并认为它决定了在一定条件下环境所能容纳的污染物的最大负荷量，因而水环境容纳的计算与水质模型相联系。

3.4.5 水环境安全评价体系

3.4.5.1 水环境安全评价的内容

　　水环境安全评价主要包括重金属污染状况评价、重金属健康风险确定性评价和水体富营养化评价。对于重金属污染状况评价，先对水体中重金属的污染状况进行评价，确定水质类别，再进行综合的重金属评价，突出污染较严重的重金属污染物的作用。重金属健康风险评价是把环境污染与人体的健康相联系，定量地描述人体健康受到环境污染的危害风险大小。现在多采用美国环境保护局（USEPA）推荐的健康风险评价模型，考虑水体中重金属污染物通过饮水和皮肤接触两个途径对人体造成的危害，结合地区人群实际状况，对河口与河网地区水体的重金属进行健康风险评价。水体富营养化是水体中植物营养物质积累过多而造成藻类大量繁殖，从而导致水质恶化的过程，该过程虽然是一个自然过程，但深受人类活动的影响。富营养化在河水与海洋中表现为水华和赤潮等异常现象，破坏生态平衡，最终影响人类健康。我国的河口与河网区域水体富营养化现象较为普遍，其中辽东湾、长江口、杭州湾和珠江口等富营养化现象相对严重。通常从采用基于熵权集对分析法的富营养化评价模型。

3.4.5.2 水环境安全评价的内容

　　构建水环境安全评价体系首先是要选取合适的评价指标，指标选择的正确与否关系到评价体系的可靠度。根据我国现行的《地表水环境质量标准》（GB 3838—2002），地表水的环境质量基本项目有 24 项，对于集中式生活饮用水源地，涉及的项目有 80 余项。而海水水质标准与地表水环境质量标准又有所不同，根据《海水水质标准》（GB 3097—1997），海水水质标准的项目有 35 项。因此，在进行评价指标的选取时，应根据水环境安全的评价对象、评价目的，并且结合当地的污染特征，选取出能客观反映研究区域内对水环境安全起主要作用的评价指标。

拓展阅读

美舍河流域全长 31km（沙坡水库大坝以下 16km），水域面积 74.1 万 m²，流经龙华、琼山、美兰三个区，沿线居民 33 万人，是海口地区的母亲河。随着经济的发展及人类活动的干扰，流域生态问题凸显，水环境质量退化，水生态功能退化、水环境健康弱化等问题逐年凸显，已经严重不适新城市化管理需求和流域新业态的发展。

2016 年 6 月，海口市启动了美舍河水体治理工作，实行"PPP＋EPC＋跟踪审计＋全程监管"的模式，开启截污纳管、河道清淤、水生态修复、示范段景观提升、一体化污水处理站及提升泵站、凤翔公园湿地等建设工作。2017 年年底提前消除黑臭，水质常态下达到Ⅴ类水及以上标准。2018 年 8 月 12 日，美舍河治理阶段性完工并进入运维阶段。

2017 年美舍河获评国家级水利风景区，为海口荣获全球首批"国际湿地城市"称号作出了重要贡献。2018 年美舍河荣登全国城市黑臭水体治理光荣榜，同时被评选为黑臭河流生态治理十大案例。2019 年 6 月，海口荣获全国黑臭水体治理示范城市。2018 年 12 月和 2019 年 6 月，水体治理工作两次受到国务院通报表扬。人民日报刊登海口美舍河相关报道如图 3.3 所示。

图 3.3　人民日报刊登海口美舍河相关报道

3.5　水工程安全

水工程是指在江河、湖泊和地下水源上开发、利用、控制、调配和保护水资源的各类工程，包括库区水利工程、跨流域调水工程、给排水工程、地下水工程、水处理工程以及水污染防治工程等。

水工程承担着防洪、发电、灌溉、供水等重要作用。作为国民经济的基础，水工程的安全问题是国家安全问题的重要组成部分，不仅涉及防洪、供水、粮食等的安全，同时也涉及经济、生态、国家的安全。随着水工程的不断建设与发展，其安全问题逐渐成为发展的主题。

水工程的安全运行是工程经济和社会效益得以发挥的重要保障。对水工程的重要部位及主要结构进行检测与安全评价，可以根据检测数据及安全评价结果让管理者充分了解水工程的运行状况，为管理者提供维护、维修措施的合理依据，减少不必要的经济损失，甚至可以挽救人民的生命和财产。2018 年水利设施受灾统计见表 3.6。

表 3.6　　　　　　　　　　　2018 年水利设施受灾统计

地区	损坏水库		损坏堤防		损坏水闸/座	水利设施损失/亿元
	大中型/座	小型/座	处数/处	长度/km		
全国	18	510	32440	5369.47	3210	257.98
北京			2	0.02	11	8.09
天津			3	0.43		0.18
河北		1	1943	220.00	12	1.48
山西		11	125	19.04	6	0.93
内蒙古	3	18	11963	362.64	70	7.51
辽宁			371	88.38	65	5.71
吉林			1044	358.50	13	15.85
黑龙江	5	22	194	97.56	72	4.95
江苏			16	7.14	395	2.68
浙江			395	29.30	27	2.07
安徽		5	289	26.78	131	3.28
福建			590	64.66	56	5.77
江西		2	380	52.19	252	9.95
山东	2	155	1506	397.83	232	15.82
河南		3	172	16.39	350	1.28
湖北		5	567	67.43	41	3.35
湖南		2	807	108.12	156	4.95
广东	2	56	2537	543.38	621	43.06
广西		17	921	118.52	181	6.48
海南	1	9	105	10.60	28	2.01
四川	1	171	2903	745.28	215	57.48
重庆		5	37	8.05	5	2.11
贵州		1	90	34.76		1.72
云南		11	973	311.97	37	7.64
西藏			939	319.08	10	6.01
陕西			454	121.74	5	3.01
甘肃	1	5	2537	811.38	40	20.31
青海		6	221	135.95	1	9.13
宁夏		2	111	91.38	55	2.04
新疆	3	3	245	200.97	123	3.13

3.5.1 库区水利工程安全

3.5.1.1 水库大坝安全

世界上影响重大的溃坝事件有很多，例如意大利的瓦伊昂大坝（Vajont Dam）在 1963 年岸坡发生大面积滑坡，淹没附近 5 个村庄；1976 年美国堤堂坝溃坝，造成大面积的灾害，这些都给人民群众和社会带来惨痛的代价。我国严重溃坝事件 1975 年 8 月发生在河南的板桥、石漫滩洪水漫顶，对人民的生命和财产安全造成巨大损失。

中国是建成水库最多的国家，尤其是中小型水库数量多，据《2019 年全国水利发展统计公报》统计，截至 2019 年年底，全国已建成各类水库 98112 座，水库总库容 8983 亿 m^3，其中大型水库 744 座，总库容 7150 m^3，占全部总库容的 79.6%；中型水库 3978 座，总库容 1127 m^3，占全部总库容的 12.5%。但是我国水库病险问题较为突出，水库中仍然有 4 万多座病险水库，大部分病险水库建于 20 世纪 50—70 年代，当时技术水平落后，经济条件较差，统筹规划不完全，还出现"三边"（边施工、边勘测、边设计）工程，甚至有些小型水库是流域面积、水库来水量、地质和库容基本情况均未调查清楚的工程，再加上多年来工程老化和维修管理不到位，水库大坝及附属建筑物普遍出现防洪标准低、坝身渗流严重、溢洪道老化、坝体滑坡等问题。这些病险水库不仅不能发挥出应有的作用，还存在严重的安全隐患，一旦失事影响人民生命财产安全。

1. 水库大坝安全鉴定

进行水库大坝的除险加固工作，对我国人民群众和社会都具有现实意义。根据我国水库大坝的病险情况，国务院发布了《水库大坝安全管理条例》，水利部出台了相关的安全鉴定办法和安全评价导则，根据《水库大坝安全鉴定办法》，水库大坝的安全状况可分为一类、二类、三类坝。其中一类坝安全可靠；二类坝基本安全；三类坝为病险大坝。三类坝就是"防洪标准低于规范规定的标准，或者工程存在质量问题严重影响大坝安全的坝"。大坝安全综合评价报告也指出对于评定为二类、三类的大坝，应提出处置对策和加强管理的建议。为了保证水库大坝的安全运行并使其充分发挥兴利除害的作用，国家需要重视对病险水库的管理，不断掌握水库大坝的安全状况，并对其做出正确的评价，及时发现病害隐患并有效处理问题。各地方也根据实际情况实行相关条例，加强水库大坝安全管理，保障人民生命财产和社会主义建设的安全。

2. 水库风险管理

如今，一些发达国家已经开始实施水库风险管理，2003 年，美国垦务局提出了一套较为完备的大坝安全分析方法——大坝安全风险分析方法技术指南；相对于其他发达国家，我国的大坝风险研究开展的比较晚，但近些年我国很多研究学者进行探索并取得了一些成果。目前对于中小型病险水库研究不够，重视不足，一些大型水库使用的规范对小型水库不适用，同时管理方面水平参差不齐，没有足够的技术和资金保障。

3. 水库健康系统

水库健康系统是一个从生态概念中探索出的新方向。目前国外对水库健康系统探究还不是很多。由于目前对水库的管理重心由保护演变成自我恢复，从而对水库的健康评价方向也从水质改为了生态质量的评价。河流的生态价值同人类的价值是相互统一的，在研究水库健康的概念中寻求出有价值的功能，寻求其中存在的相互关系，是当今社会水库健康研究的关键问题，对人类以及对自然界都有很重要的意义。

3.5.1.2 水闸安全

水闸作为一种重要的防洪除涝和防止海水倒灌的低水头水工建筑物，在减少自然灾害造成的损失，保护群众生命财产和保障国民经济快速发展等方面发挥着至关重要的作用。尤其是我国长江、黄河、淮河和海河的流域治理中，在防洪治涝、农业灌溉、挡潮蓄淡、城乡给水、风景旅游、生态建设等方面发挥了巨大的作用。我国修建水闸的历史可以追溯至公元前598—前591年。根据《2019年全国水利发展统计公报》，到2019年年底，全国已建成流量每秒5立方米及以上的水闸总量为103575座，包括大型水闸892座。按水闸类型分，分洪闸8293座，排（退）水闸18449座，挡潮闸5172座，引水闸13830座，节制闸57831座。

在现运行的水闸中，不乏设计标准低下、规划不合理、施工低质和设施缺失等现象，有的年久失修缺乏维护，无法保证其安全性和功能性，有的则由于灾害性原因造成超载，使结构或构件损害。据全国水闸安全普查等工作的不完全统计，我国2600多座大中型病险水闸，主要破坏形式包括结构失稳、渗流破坏、过水能力不足、钢筋混凝土结构破坏、消能防冲设施破坏、闸门启闭机和机电设备破坏以及附属设施破坏等，其他病险如翼墙破坏、房屋管理和防汛道路等问题也较为严重。在20世纪50—70年代大兴水利的浪潮中，国内大搞群众运动修建了众多水闸，其中一些大中型水闸粗放设计急于施工，无法保证工程质量，仅这部分水闸约占全国的70%，不少工程由于技术条件差，建设标准普遍偏低，工程质量存在缺陷，大量安全隐患与生俱来。

1. 水闸安全鉴定

水利部依据《中华人民共和国水法》《中华人民共和国防洪法》等相关的法律法规，组织专家制定了《水闸安全鉴定管理办法》（水建管〔2008〕214号）（简称《办法》），用以加强水闸的安全管理，使得水闸的安全鉴定工作规范化，确保水闸的安全运行。该《办法》第一章第三条规定，水闸应实行定期的安全鉴定制度，水闸应在竣工验收后五年内进行首次安全鉴定，以后应每隔十年进行一次安全鉴定，在运行期间，若遇到超过标准的洪水、遭遇强烈地震或者发生重大事故，以及出现异常安全现象，应当及时进行安全检查与鉴定。对于闸门等具有独立作用的工程部位在达到规定的折旧年限时，应按照相应的规范要求进行安全检查与鉴定。《办法》确定了病险水闸安全评价工作的组织程序、工作内容、工作要求等，为进一步规范科学的实施病险水闸安全评价工作提供了政策依据和技术要求。只有对水闸的故障、病害、风险程度、安全运行等情况采取全面的、详细的、真实的、准确的安全评估，才可以全面了解水闸的实际运行状态，只有做好水闸安全评价，才可以理清水闸存在的病险状况和原因。

2. 水闸安全预警

预警是指在灾害性事故、灾难及其他警源发生之前，根据警兆指标的变化状况，预报警情所处的状态及危害程度，并提出警患排除措施。由于现有大多数水闸工程建设年代久远，大都存在结构失稳、渗流、过水能力不足等安全隐患。若对于这些存在安全隐患的水闸未及时进行安全预警，将极大影响水闸防洪排涝效益、兴利除害效益和工程整体安全。而预警系统能在监测同时对水闸出现的安全问题及时提前报警，争取撤离人员和转移财产的时间，以避免重大的人员伤亡和巨大的财产损失，保障社会人民安全。随着计算机科学与技术的发展，可以更好地将水闸安全检测成果与水闸安全预警系统相连接，使其更加有效地管理水闸安全。

正所谓"未雨绸缪，防患于未然"，若要保障水闸安全运行，就必须开展对水闸安全综合分析与预警研究，将水闸综合分析结果及时反馈给水闸安全管理决策人员，保证在灾害性事故发生之前，及时准确地测报并采取有效的补救措施，将灾害损失降至最低，这既有利于提高水闸本身安全程度，又能保证人民生命和财产安全，使水闸的工程效益达到最大。

3.5.1.3 堤防安全

堤防是沿江河、湖泊、海洋的岸边以及蓄滞洪区、水库库区的周边修建的防止洪水漫溢或风暴潮袭击的挡水建筑物，是我国防洪工程体系的重要组成部分。根据《2019年全国水利发展统计公报》，全国已建成五级以上堤防32.0万km，累计达标堤防22.7万km，堤防达标率71.0%；其中1级、2级达标堤防长度为3.5万km，达标率为81.7%。全国已建成江河堤防保护人口6.4亿人，保护耕地面积0.42亿 hm^2。

堤防工程作为防洪系统中的核心构成要素，是保障江河安澜、群众生命财富安全的最后一道防线。中国的堤防工程建设有着悠久的历史，但很多难题依旧难以根治，当处于洪水期，还是会突发一些难以避免的险情。因此，堤防工程的定期排查与除险加固就尤为必要。

1. 堤防工程边坡失稳类型

堤防边坡失稳分类标准的不同可以分为不同的失稳类型，主要有如下几种：

（1）按滑动程度可分为浅层滑动与深层滑动。堤防边坡失稳根据滑动程度可以分为浅层滑动（图3.4）与深层滑动（图3.5）。浅层滑动是指滑动体主要出现在堤身或稍微影响一小部分堤基。而深层滑动是指滑动体深入堤基较深的部位，最深可达8m左右。

图 3.4　浅层滑动示意图

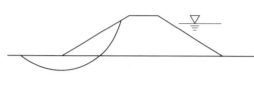

图 3.5　深层滑动示意图

（2）按危害程度可分为局部失稳与整体失稳。失稳根据堤防边坡失稳的危害程度，一般将危害较小的浅层滑动归为局部失稳，将深层滑动或沿堤防纵向出现超过100m的浅层滑动归为整体失稳。局部失稳危害较小且容易处理，而整体失稳危害较大，需立刻采取加固措施。

按滑动位置可分为临水面滑坡、背水面滑坡和崩岸临水面的边坡失稳常出现在坍塌、崩岸等险情严重的堤段或出现在高水位堤防的退水阶段。背水面的边坡失稳主要是渗流破坏或是高水位堤段的汛期阶段。但是不管是否在汛期，临水面区域边坡较陡的堤防段都会存在失稳风险。

2. 堤防安全评价

总体来看，我国堤防历史年代较久，运行管理意识较差，存在很多安全隐患问题。因此，有必要开展堤防健康综合评价研究工作，及时制定工程措施，有效预防灾害发生。

以往我国注重堤防渗透稳定、堤防抗滑稳定、堤防工程质量、堤防运行管理等问题，对堤防生态方面的研究较少，现在根据我国现代化堤防工程提出的"修建安全、环保、生态三位一体的人水和谐防洪体系"要求，有必要从结构、管理和生态三个方面开展堤防健康综合评价工作。通过评价结果掌握堤防安全健康状态、生态环境健康状态以及运行管理健康状态，可有效指导堤防运行管理、建设维修等工作。

目前尚未存在完整的"结构-生态-管理"相互耦合的堤防综合健康评价等级以及评价标准。主要借鉴国外堤防评价等级标准、堤防安全评价评价导则、海塘安全评价等级、堤防健康诊断评价等级以及其他工程领域的健康等级划分标准，评价等级以及等级标准具体内容见表 3.7。

表 3.7　　　　　　　　　　　评价等级以及等级标准值

评价内容	作者	评价方法	评价等级以及等级标准值
堤防安全评价	KRYTLANW、PLARCZYK	四级法	优、良、中、差（无等级标准值）
《堤防工程安全评价导则》	黄河水利委员会黄河水利科学研究院、水利部堤防安全与病害防治工程技术研究中心	三级法	Y＝（安全、基本安全、不安全）（无等级标准值）

续表

评价内容	作者	评价方法	评价等级以及等级标准值
堤防工程安全等级	陈红	四级法	Y＝［安全（0.9～1.0）、较安全（0.7～0.9）、不安全（0.5～0.7）、很不安全（0～0.5）］
海塘工程安全等级	吴正中（2014 年）	四级法	Y＝［安全（75～100）、较安全（50～75）、不安全（25～50）、极不安全（0～25）］
山区中小流域堤防安全评价等级	陈晚伟	四级法	Y＝［安全等级高（0.9～1.0）、较安全（0.7～0.9）、径度安全隐患（0.6～0.7）、重度安全隐患（0～0.6）］
堤防工程健康诊所	冷元宝潘翠茹	四级法	Y＝（健康、亚健康、病变、危情）（无等级标准值）
平原水库健康等级标准	张瑞她	五级法	Y＝［健康（90～100）、基本健康（70～90）、轻度病变（60～70）、重度病变（30～60）、危情（0～30）］
流域生态安全等级标准	解雪峰	五级法	Y＝［优秀（0.8～1.0）、良好（0.6～0.8）、一般（0.4～0.6）、较差（0.2～0.4）、差（0～0.2）］

3.5.1.4　渠道安全

灌区是生态环境保护的基本依托。据《2019 年全国水利发展统计公报》，截至 2019 年年底，全国已建成设计灌溉面积大于 2000 亩及以上的灌区共 22844 处，耕地灌溉面积 3766.3 万 hm²。其中，50 万亩以上灌区 176 处，耕地灌溉面积 1260.9 万 hm²；30 万～50 万亩大型灌区 284 处，耕地灌溉面积 538.6 万 hm²。全国灌溉面积 7503.4 万 hm²，其中耕地灌溉面积 6867.9 万 hm²，占全国耕地面积的 51.0%；全国节水灌溉工程面积 3705.9 万 hm²，其中：喷灌、微灌面积 1159.8 万 hm²，低压管灌面积 1104.3 万 hm²。

但是，我国各大灌区建设年代久远，普遍出现设施损坏，以及管理制度和方法落后等诸多问题。为改善灌区工程与管理不良状况，控制灌溉效益衰减趋势，逐渐恢复和提高灌溉水利用率和农业综合生产能力，以保障国家粮食安全。

提高灌区灌溉水利用率是今后各大灌区的发展方向。要提高灌区用水效率的问题，就要合理利用水资源开发技术、工程措施对灌溉用水进行调节控制以及按需分配，为农业生产提供充足的水量。要通过采取工程措施、管理手段等方法，最大限度地减少渠道输水损失，提高灌溉用水利用系数，增加作物产量和产值。

1. 渠道安全问题

（1）设施老化。经过多年的运行，部分输水渠道工程设施已经老化或损坏，甚至出现渠道多处倒塌堵塞的情况。部分渠道流经村落，有的当地村民法制观念淡薄，没有对渠道的养护意识，在该范围内造成人为破坏，如闸门被砸、乱挖堤土、向渠内倾倒垃圾等行为毁坏水利工程。

（2）资金短缺。在渠道出现破损时不能及时修缮，只在维护时修护破坏严重的渠段，更换重要的节制闸，而不严重的渠道依旧进行输水工作，由此存在一定的风险。

（3）自然灾害的破坏。输水渠道建成后，往往会遇到地震、泥石流、洪水等灾害，一旦发生就会给渠道造成无法估计的破坏，不仅渠道遭到山洪的冲击，水工建筑物渡槽、倒虹吸水闸等也会受到泥土、沙石、树木不同程度的堵塞，严重阻碍渠道的正常运行，会将上游来水阻滞提高，对人民经济生活造成严重的影响。

（4）发现问题不及时。传统的维护管理方式无法保证渠道行水期间的安全。目前，渠道的检查主要是巡查和不定期抽查，这无法在第一时间发现渠道行水过程中的问题，并及时采取措施。

2. 渠道安全维护

渠道安全维护具有以下几方面的必要性：

（1）避免事故发生。维护水利渠道可以及时发现渠道的塌陷、堵塞、渗漏以及其他水利设施损坏等现象，避免输水中断，甚至因为塌陷而引起溢堤、破堤、决口等事故的发生。

（2）提高输水效率。加强对渠道的管理维护具有十分重要的作用，可以降低安全事故发生率；也可以提高渠道的供水效率，满足工况设计要求，使人们的生活用水、生产用水、农业灌溉、生态用水得到保障；还可以为工程的管理以及维护节约资金投入，实现工程经济效益的提升。

（3）有效节约用水。维护好水利输水渠道，既可以减少水利工程输水渠道的渗漏问题，也可以在一定程度上缓解渠道的供水及输水之间的矛盾。

（4）确保水质安全。随着经济社会的发展，水渠周边日益扩大的生产生活活动对水源也产生一定的污染威胁，水渠水质安全得不到保障。因此，对渠道进行安全防护建设对于维系水质安全、保障沿线群众的生产生活用水具有重要的作用。

（5）确保居民安全。近年，渠道工程因年久失修，给水渠周边群众的生产生活造成了安全隐患。原有渠道周边的人群增多，农机设备等车流量不断增大，曾出现过多起溺水事件及机动车冲入渠道造成车毁人亡的安全事故。因此，在渠道周边采取安全防护措施可以最大程度保障周边居民的安全。

（6）确保工程运行安全。渠道工程沿线经过许多村庄，居民安全意识薄弱，存在私自在渠道内无序取水、生活垃圾乱倒等问题。尤其是在灌溉季节，村民私自取水容易造成安全事故。因此，采取安全防护措施成为进一步确保渠道运行安全的重要手段。

3.5.2　跨流域调水工程安全

跨流域调水工程指跨越两个或两个以上流域的引水（调水）工程，将水资源较丰富流域的水调到水资源紧缺的流域，以达到地区间调剂水量盈亏，解决缺水地区水资源需求的一种重要措施。跨流域调水关系到相邻地区工农业的发展，同时还会涉及相关流域水资源重新分配和可能引起的社会生活条件及生态环境变化。因此必须全面分析跨流域的水量平衡关系，综合协调地区间可能产生的矛盾和环境质量问题。

据统计，目前世界调水工程不下 160 项。在世界的大江大河上几乎都能找到调水工程的影子。跨流域调水的鼻祖当选我国的京杭大运河。世界著名的调水工程有我国的南水北调工程；美国的中央河谷、加州调水、科罗拉多水道和洛杉矶水道等远距离调水工程及澳大利亚的雪山工程；巴基斯坦的西水东调工程等。俄罗斯的调水工程更是世界著名。

3.5.2.1 跨流域调水工程的分类

按功能划分它主要有以下 6 大类：

（1）以航运为主体的跨流域调水工程，如中国古代的京杭大运河等。

（2）以灌溉为主的跨流域灌溉工程，如中国甘肃省的引大入秦工程等。

（3）以供水为主的跨流域供水工程，如中国山东省的引黄济青工程、广东省的东深供水工程等。

（4）以水电开发为主的跨流域水电开发工程，如澳大利亚的雪山工程、中国云南省的以礼河梯级水电站开发工程等。

（5）跨流域综合开发利用工程，如中国的南水北调工程和美国的中央河谷工程等。

（6）以除害为主要目的（如防洪）的跨流域分洪工程，如江苏、山东两省的沂沭泗水系供水东调南下工程等。

大型跨流域调水工程通常是发电、供水、航运、灌溉、防洪、旅游、养殖及改善生态环境等目标和用途的集合体。

3.5.2.2 跨流域调水工程的系统组成

跨流域调水系统一般包括水量调出区、水量调入区和水量通过区三部分。

水量调出区是指水量丰富、可供外部其他流域调用的富水流域和地区；而水量调入区则是指水量严重短缺、急需从外部其他流域调水补给的干旱流域和地区；沟通上述两者之间的地区范围即为水量通过区。

水量通过区，根据不同调水系统，常常又是水量调入区或是水量调出区，人们有时把跨流域调水系统直接分为工程水源区和供水区两部分。所谓水源区系指水量调出区域，它既可能只包括水量调出区，也可能含有水量调出区和水量通过区中的某些富水地区；而供水区则是所有需调水补给的地区，它可能只包括水量调入区，也可能包括水量调入区和需要补充供水的水量通过区。

3.5.2.3 跨流域调水工程的特点

（1）跨流域调水系统具有多流域和多地区性。跨流域调水系统涉及两个或两个以上流域和地区的水资源科学再分配。

（2）跨流域调水系统具有多用途和多目标特性。大型跨流域调水系统往往是一项发电、供水、航运、灌溉、防洪、旅游、养殖以及改善生态环境等目标和用途的集合体。

（3）跨流域调水系统具有水资源时空分布上的不均匀性。水资源量在时间和空间分布上的差异，是导致水资源供需矛盾的一个重要因素，也是在地区之间实行跨流域调水的一个重要前提条件。

（4）跨流域调水系统中某些流域和地区具有严重缺水性。在跨流域调水系统内，必须存在某些流域和地区在实施当地水资源尽量挖潜与节约用水的基础上水资源量仍十分短缺，难以满足这些地区社会经济发展与日益增长的用水需求，由此表现出严重缺水性。

（5）跨流域调水系统具有工程结构的复杂多样性。跨流域调水系统中工程结构的复杂多样性主要表现在以下方面：

1）蓄水水库或湖泊之间存在多种串联、并联以及串并混联的复杂关系，与一般水库系统相比，不仅要考虑各水库的水量调节和上、下游水库之间的水量补偿作用，还要考虑调水量在各水库之间（不只局限于上、下游水库之间）的相互调节与转移，因而，跨流域调水系统内水库间的水量补偿调节与反调节作用更加复杂多变。

2）系统的骨干输配水设施（如渠道、管道、隧洞等）一般规模较大，输水距离较长，常遇到高填深挖、长隧洞与大渡槽、坚硬岩石和不良土质（如膨胀上、流沙等）地带等，所有这些都将给规划设计和施工管理增添较大的难度。

3）系统内往往会涉及众多较大规模的河道、公路、铁路等交叉建筑物，这不仅增加了规划设计和施工管理的难度，还会给防洪、交通运输等带来影响，需进行合理布局和统筹安排，使其影响程度降到最低点。

4）有些采用提水方式进行的调水工程，常会面临高难度的高扬程、人流量等提水泵站规划设计与运行管理问题，如何对这些提水泵站（群）规模与布局进行合理优化规划，则是待研究的另一重要问题。

5）跨流域调水工程的投资和运行费用大。因跨流域调水工程结构复杂多变，且涉及范围大，影响因素多，工程规模相对较大：随着工程规模的增大，投资相对就会大幅度增长。远距离调水管理难度大，运行费用会相对较高。

6）跨流域调水系统具有更广泛的不确定性。跨流域调水系统的不确定性，和其他一般水资源系统一样，主要集中在降水、来水、用水、地区社会经济发展速度与水平、地质等自然环境条件、决策思维和决策方式等方面，而且比较而言其不确定性程度更大，范围更广，影响更深，结果是跨流域调水系统比一般水资源系统具有更大的风险性。

7）跨流域调水系统具有生态环境的后效性。任何人工干涉自然生态环境的行为（如各种水利工程等），都将导致自然生态环境的改变。跨流域调水系统由于涉及范围较一般水利工程大得多，势必导致更多因素的自然生态环境变化，有些生态环境的变化甚至是不可逆转的，这就表现出生态环境后效性。如何预见和防治生态环境方面的后效性，则是需要研究的又一重要问题。因此，有必要始终坚持"先治污、后调水"和调水有利于保护、改善生态环境的原则，进行跨流域调水规划和管理。

总之，跨流域调水系统是一项涉及面广、影响因素多、工程结构复杂、规模庞大的复杂系统工程，跨流域调水工程的决策本质上是一类不完全信息下的非结构化冲突性大系统多目标群决策问题，需要从战略高度上，对工程的社会、经济、工程技术和生态环境等方面进行统一规划、综合评价和科学管理，才能取得工程本身所含有的巨大经济、社会和生态环境效益，促进水利文化的进步。

3.5.3　给排水工程安全

给排水工程通常指城市用水供给系统、排水系统（市政给排水和建筑给排水），其主要功能是完成取水、处理、输送、再处理和排放的过程，包括给水工程和排水工程。

3.5.3.1　给水工程

给水工程是为满足城乡居民及工业生产等用水需要而建造的工程设施。它的任务是自水源取水，并将其净化到所要求的水质标准后，经输配水系统送往用户。给水工程包括水源、取水工程、净水工程、输配工程四部分。经净水工程处理后，水源由原水变为通常所称的自来水，满足建筑物的用水要求。室内给水工程的任务是按水量、水压供应不同类型建筑物的用水。根据建筑物内用水用途可分为生活给水系统、生产给水系统和消防给水系统。

给水工程包括室内给水工程和室外给水工程两大部分：

（1）室内给水工程：包括室内给水管道及配件安装、室内消火栓系统安装、给水设备安装、管道防腐和绝热等。

（2）室外给水工程：包括室外给水管道安装、消防水泵接水器及室外消火栓安装、管沟及井室安装等。

给水工程一般由给水水源的无塔供水构筑物、输水管道、给水处理厂和配水管网4个部分组成，分别承担取集和输送原水、改善原水水质和输送合格用水供到用户的作用。在一般地形条件下，这个系统中还包括必要的储水和抽升设施。

根据水源、地形和节水节能要求，给水工程可分为如下几个系统：

（1）重力供水系统。水从供水设备构筑物到用水点，或者从给水处理厂到用户点，都是靠重力输送，不必抽升，这是最省能源而又安全的系统。

（2）多水源供水系统。由几个地面水源、几个地下水源或者地面水源和地下水源结合起来供水，适用于大城市供水。

（3）分质供水系统。根据用水对象对水质的不同要求，可以分成完全处理、部分处理甚至不需要处理几个系统供水，它适用于分别向居民和工业供水或者几种工业用水水质相差较大的供水系统。

（4）分压供水系统。根据用水区要求压力的不同，分为高压区和低压区供水，地形高程相差很大的地区可以采用这种系统。

（5）循环给水系统。将用水点使用过的水，经过适当处理或添补新水后重复供给用水点，这是一种节约水资源的供水系统，如循环冷却水系统。

（6）循序给水系统。将水质要求高的用水单位用过的水，供给水质要求较低的单位，这也是一种有效的节约水资源的工业用水系统。

（7）中水给水系统。将水处理厂深度处理的水供给某些工业、农业和城市清洗、绿化等用水。

3.5.3.2　排水工程

排水工程是指收集和排出人类生活污水和生产中各种废水、多余地表水和地下水（降低地下水位）的工程，是收集、输送、处理和处置废水的工程，主要设施有各级排水沟道或管道及其附属建筑物，视不同的排水对象和排水要求还可增设水泵或其他提水机械、污水处理建筑物等。排水工程主要用于农田、矿井、城镇（包括工厂）和施工场地等。

排水工程通常由排水管网、污水处理厂和出水口组成。排水管网是收集和输送废水的设施，包括排水设备、检查井、管渠、水泵站等工程设施。污水处理厂是处理和利用废水的设施，包括城市及工业企业污水处理厂（站）中的各种处理构筑物等。出水口是使废水排入水体并使其与水体很好混合的工程设施。下面分别介绍城市污水、工业废水、雨水等各排水系统的主要组成部分。

1. 排水工程的基本任务

（1）保护生态环境免受污染。

（2）污水的无害化和资源化。

（3）保障工农业生产的发展和人民的健康与正常生活。

2. 排水工程的主要内容

（1）污水的收集、输送部分——排水管网：收集各种污水并及时将其输送至适当地点。

（2）污水的处理、利用部分——污水处理：将污水妥善处理后排放或再利用。

3. 排水工程的三大项目

（1）生活排水：包括生活污水（粪便污水）、生活废水（洗涤）的排放。应注意餐饮、洗车、燃油锅炉房地面排水、医院排水等等应单独排放至水处理建筑处。

（2）建筑物上的降雨排水。

（3）建筑物外的小区排水。

区内道路工程（包括小区道路、组团路、宅间小路）；区内排水排污工程（包括区内道路工程中的所有排水排污工程以及连接单体建筑和小区规划道路的排水排污接户井）；区内道路工程和区内排水排污工程施工时的土方工程（包干）；区内道路、区内排水排污工程与周边小区规划道路连接、排水排污的接驳所发生的费用（包干）；对其他专业（如电信、电视、给水管）的协调工作。

3.5.3.3　给水、排水与供水工程的区别

给水工程与供水工程在性质和作用方面相同，但是在组成方面，供水工程多指给水工程中大型的调水工程。

给水工程与排水工程在性质、作用和组成方面各有不同。

（1）性质不同。给水工程是向用水单位供应生活、生产等用水的工程；排水工程是指收集和排出人类生活污水和生产中各种废水、多余地表水和地下水（降低地下水位）的工程；供水工程是指将好的水源引流到缺水的地方，是大型调水工程。

（2）作用不同。给水工程包括给水系统、设计用水量和给水系统的工作情况。给水工程又细分为输水和配水工程、给水处理；排水工程，是排除人类生活污水和生产中的各种废水、多余的地面水的工程。排水管系是指收集和输送废水（污水）的管网，有合流管系和分流管系。

（3）组成不同。给水工程由给水水源、取水构筑物、原水管道、给水处理厂和给水管网组成；排水工程由排水管系（或沟道）、废水处理厂和最终处理设施组成。通常还包括抽升设施（如排水泵站）。

3.5.4　地下水工程安全

地下水工程是指对地下水资源进行勘查、评价、开发、管理，地下水环境和地质环境监测、评价和治理，地质勘察、设计、施工的工程。地下水工程安全对地下水资源的合理开发和利用以及地下水环境的保护有着非常重要的意义。

3.5.4.1　地下水

地下水是指赋存于地面以下岩石空隙中的水，狭义上是指地下水面以下饱和含水层中的水。在《水文地质术语》（GB/T 14157—93）中，地下水是指埋藏在地表以下各种形式的重力水。

地下水虽然埋藏于地下，难以用肉眼观察，但它象地表上河流湖泊一样，存在集水区域，在同一集水区域内的地下水流，构成相对独立的地下水流系统。

在一定的水文地质条件下，汇集于某一排泄区的全部水流，自成一个相对独立的地下水流系统，又称地下水流动系。处于同一水流系统的地下水，往往具有相同的补给来源，相互之间存在密切的水力联系，形成相对统一的整体；而属于不同地下水流系统的地下水，则指向不同的排泄区，相互之间没有或只有极微弱的水力联系。此外，与地表水系相比较，地下水流系统具有如下的特征：

（1）空间上的立体性。地表上的江河水系基本上呈平面状态展布；而地下水流系统往往自地表面起可直指地下几百上千米深处，形成空间立体分布，并自上到下呈现多层次的结构，这是地下水流系统与地表水系的明显区别之一。

（2）流线组合的复杂性和不稳定性。地表上的江河水系，一般均由一条主流和若干等级的支流组合而成有规律的河网系统。而地下水流系统则是由众多的流线组合而成的复杂的动态系统，在系统内部不仅难以区别主流和支流，而且具有多变性和不稳定性。这种不稳定性，可以表现为受气候和补给条件的影响呈现周期性变化；亦可因为开采和人为排泄，促使地下水流系统发生剧烈变化，甚至在不同水流系统之间造成地下水劫夺现象。

（3）流动方向上的下降与上升的并存性。在重力作用下，地表江河水流总是自高处流向低处；然而地下水流方向在补给区表现为下降，但在排泄区则往往表现为上升，有的甚至形成喷泉。

除上述特点外，地下水流系统涉及的区域范围一般比较小，不可能像地表江河那样组合成面积广达几十万乃至上百万平方公里的大流域系统。根据托思的研究，在一块面积不大的地区，由于受局部复合地形的控制，可形成多级地下水流系统，不同等级的水流系统，它们的补给区和排泄区在地面上交替分布。

3.5.4.2 常见的地下水工程

常见的地下水工程有管井、大口井、辐射井、复合井、渗渠以及坎儿井等。各种类型地下水取水构筑物的适用条件、特点和组成部分为：

（1）管井：用于开采深层地下水，井深一般在 300m 以内，最深可达 1000m 以上；是地下水构筑物中应用最广的一种；主要由井室、井壁管、过滤器及沉砂管构成。

（2）大口井：广泛用于取集含水层厚度 20m 以内的浅层地下水。特点是：大口井不存在腐蚀问题，进水条件较好，使用年限较长，对抽水设备形式限制不大，如有一定的场地且具备较好的施工技术条件，可考虑采用大口井。但是，大口井对地下水位变动适应能力很差，在不能保证施工质量的情况下会拖延工期、增加投资，易产生涌砂（管涌或流沙现象）、堵塞问题。大口井主要由上部结构、井筒及进水部分组成。

（3）辐射井：用于汲取含水层厚度较薄的浅层地下水，它比大口井效率高，但施工难度大；是由集水井（垂直系统）及水平的或倾斜的进水管（水平系统）联合构成的一种井型，属于联合系统的范畴。辐射井主要由集水井和辐射管构成。

（4）复合井：常用于同时集取上部孔隙潜水和下部厚层基岩高水位的承压水，在一些需水量不大的小城镇和不连续供水的铁路给水站中被较多地应用；是一个大口井和管井组合的分层或分段取水系统。实验证明，当含水层厚度大于大口井半径 3～6 倍，或含水层透水性较差时，采用复合井出水量增加显著。复合井由非完整大口井和井底下设管井过滤器组成。

（5）渗渠：主要用于地下水埋深小于 2m 的浅层地下水，或集取季节性河流河床下的地下水，在我国东北、西北地区应用较多；是水平敷设在含水层中的穿孔渗水管渠，可分为集水管和集水廊道两种形式，同时也有完整式和非完整式之分。渗渠由渗水管渠、集水井和检查井组成。

（6）坎儿井：主要用于缺乏把各山溪地表径流由戈壁长距离引入灌区的手段以及缺乏提水机械的新疆地区；是一种用暗渠引取地下潜流，进行自流灌溉的特殊水利工程；坎儿井由竖井、暗渠、明渠和涝坝（即小型蓄水池）四部分组成。

3.5.5　水处理工程安全

水处理工程是指把不符合要求的水净化、软化、消毒、除铁除锰、去重金属离子、过滤这项工程。简单讲，水处理工程是通过物理的、化学的手段，去除水中一些对生产、生活不需要的物质所做的一个项目，是为了适用于特定的用途而对水进行的沉降、过滤、混凝、絮凝，以及缓蚀、阻垢等水质调理的一个项目。

到目前为止，人们还没有找到适当的水资源的替代品。未来"水产业"的开发和利用，不同于能源方面以找寻地下新的资源为主，而重在基础设施的建设，从取水、净化、送水到用水，其中心都是围绕节水及减少污水排放进行的。因此，水处理工程安全是保障水安全的重要方面。

3.5.5.1　水处理的概念

水处理是指为使水质达到一定使用标准而采取的物理、化学措施。饮用水的最低标准由环保部门制定。工业用水有自己的要求。水的温度、颜色、透明度、气味、味道等物理特性是判断水质好坏的基本标准。水的化学特性，如其酸碱度、所溶解的固体物浓度和氧气含量等，也是判断水质的重要标准。如有些草原自然水中全溶固体物浓度高达 1000mg/L，而加拿大规定饮用水中全溶固体物浓度不得超过 500mg/L，许多工业用水还要求浓度不得高于 200mg/L。这种水，即便其物理性质符合要求，也不能随便使用。另外，来自自然界、核事故和核电站等的放射性元素含量，也是必须进行监测的重要特性。

水处理目的是提高水质，使之达到某种水质标准。按处理方法的不同，有物理水处理、化学水处理、生物水处理等多种。按处理对象或目的的不同，有给水处理和废水处理两大类。给水处理包括生活饮用水处理和工业用水处理两类；废水处理又有生活污水处理和工业废水处理之分。其中，与热工技术关系特别密切的有从属于工业用水处理范畴的锅炉给水处理、补给水处理、汽轮机主凝结水处理以及循环水处理等。水处理对发展工业生产、提高产品质量，保护人类环境、维护生态平衡具有重要的意义。

3.5.5.2　水处理的分类

水处理包括污水处理和饮用水处理两种，有些地方还把污水处理再分为两种，即污水处理和中水回用两种。经常用到的水处理药剂有聚合氯化铝、聚合氯化铝铁、碱式氯化铝，聚丙烯酰胺，活性炭及各种滤料等。

水处理的效果可以通过水质标准衡量。

水处理是生活用水、生产用水或可排放废水为达到成品水的水质要求而对原料水

（原水）的加工过程。

加工原水为生活或工业的用水时，称为给水处理。

加工废水时，则称废水处理。废水处理的目的是为废水的排放（排入水体或土地）或再次使用，又称废水处置、废水再用。

采用合理的水处理工艺，配合水的深度处理，处理水可达到《污水再生利用工程设计规范》（GB 50335—2016）、《城市污水回用设计规范》（CECS 61—94）中水回收用水标准等，可以长时间循环使用，节约大量水资源。

3.5.6 水污染防治工程安全

水污染防治工程是防治、减轻直至消除水环境的污染，改善和保持水环境质量，合理利用水资源所采取的工程技术措施。水污染防治工程是环境工程学的一个技术领域，同当地自然条件（地形、气象、河流、土壤性质等）、社会条件（城市、地区发展、工农业生产、人口密度、交通情况、经济生活、技术水平等）都有密切关系。因此，必须综合考虑各种污水的产生、水量和水质的控制、污水输送集中方式、污水处理方法及排放和回用要求、水体、土壤等自然净化能力进行全面规划，综合防治。水污染防治工程安全对于水环境污染的防治非常重要。

3.5.6.1 水污染防治的范围

水污染防治的原理是利用水体的自净规律，防治工作的第一步是对水体污染进行系统的监测，为研究水体污染、自净规律和环境容量提供数据。根据水体功能制定各种水质标准、废水排放标准，以保护水环境质量，并确定污水的合理处理程度。

随着近代工商业的发展，城市人口密集，污水、污物增多，由于长期任意排放，导致城市及其附近水环境日趋恶化。19 世纪欧洲一些大城市，因饮用水源遭到污染，曾多次造成霍乱、痢疾等传染病的流行。为了防止传染病的流行，开始进行污水处理。最初采用格栅截留、自然沉淀等处理方法，去除漂浮、悬浮和可沉淀物质。这些方法后来称为一级处理法。随后又发明了生物滤池和活性污泥法等生物处理方法，在一级处理后实施，以除去可生物降解的有机物质，称为二级处理法。

第二次世界大战后的 30 多年来，工业迅猛发展，工业废水的处理受到更大的重视，研究成功和实际应用了许多种有效的处理方法，如离子交换、汽提、溶剂萃取、蒸发浓缩、电解、膜分离、氧化还原、电泳、高梯度磁分离等，以及重金属和放射性废水处理后所形成浓缩产物的不溶性固化处理方法。根据各种工业废水的成分、性质和水量的不同，采用不同的处理方法（或称单元处理过程），分别去除不同的污染成分，使水达到排放或回用标准。

水环境还受到含有农药、化肥、有机物等的农田径流以及酸雨等的污染。因此水污染防治工程包括更为广泛的内容。

3.5.6.2 水污染综合防治工程

水系污染综合防治工程是从 20 世纪 60 年代开始发展起来的，是根据城市和工矿区内及周围水系分布情况，分段（河川）或分区（湖、海）调查研究它们各自的自净能力和自净规律，确定各区段的污染负荷，修建相应的处理设施。修建大规模的区域性联合污水处理厂，以及在一些自净能力小或污染超负荷的区段修建调节水库或污水库，以增加枯水期的水流量或减轻枯水期的排污负荷。也可修建曝气设施，增加水体的进氧量和自净能力，或者引附近水系的水进行稀释，以提高自净能力和改善水质。水系流域内的工业要压缩用水量，实行循环用水，减少排污量。

水系被污染后，有许多种污染物如重金属、多氯联苯、有机氯农药、重质焦油等沉积于水体底泥中。它们有可能重新返回水中，如汞可经甲基化再往水中释放剧毒的甲基汞。因此水系污染底质防治工程是水系污染防治工程的重要组成部分。它包括：①对污染底质进行调查研究，以确定其污染范围和浓度、形态和分布；②调查研究水生物特别是底栖水生物如贝类、底层鱼类对底质污染物的吸收、蓄积状况和规律，并结合水文、地质等多种因素和水域功能要求确定底质中污染物的最大容许浓度；③对污染物浓度超过容许标准的底质进行处理，可使用挖掘法、黏土覆盖法、吸附法等。

在水系污染防治工程中还要考虑农田、矿山等地面径流的污染问题。

此外，饮用水的防治也是水污染综合防治必须重视的方面。在水源被城市污水、工业废水、农业废水以及大气沉降、降水径流等挟带的多种污染物污染的情况下，采用传统的处理工艺已不能满足饮用水的水质要求，需要采用更加有效的处理方法。

拓展阅读

三峡水电站是世界上规模最大的水电站，也是中国有史以来建设最大型的工程项目。而由它所引发的移民搬迁、环境等诸多问题，使它从开始筹建的那一刻起，便始终与巨大的争议相伴。三峡水电站的功能有十多种，航运、发电、种植等。三峡水电站 1992 年获得中国全国人民代表大会批准建设，1994 年正式动工兴建，2003 年 6 月 1 日下午开始蓄水发电，于 2009 年全部完工。三峡工程如图 3.6 所示。

三峡工程主要有三大效益，即防洪、发电和航运，其中防洪被认为是三峡工程最核心的效益。2020 年 8 月 18 日，"长江 2020 年第 5 号洪水"已在长江上游形成，20 日 8 时三峡枢纽入库流量 $75000\text{m}^2/\text{s}$。11 月 15 日，三峡工程发电量已达到 1031 亿 kW·h。三峡工程也是一个生态工程，目的在于改变不利

图 3.6 三峡工程

于人类可持续发展的状态，改善人类生存环境，减少灾害。三峡工程防洪效益巨大。它使得长江中下游的洪涝灾害得到有效控制，确保了荆江河段的防洪安全，增强荆江以下河段防洪调度的灵活性，有效化解了过往洪水泛滥造成的环境恶化、灾后疫情等棘手难题。

3.6 水管理安全

3.6.1 水管理定义

3.6.1.1 水循环

地球上的水在太阳辐射和地球重力作用下，不断进行转化、输送、交换的连续运动过程就是水循环，是自然界中最重要的物质循环，对环境和人类社会产生巨大影响。通过蒸发、凝结、降水、径流的转移和交替，水沿着复杂的循环路径不断运动和变化，完成水的循环过程。在没有人类活动或没有人类开发利用水的活动的影响下，降雨→蒸发→产流→汇流→入渗→排泄的天然水循环周而复始。人类活动改变了天然水循环过程，在天然水循环途径下，形成了取水→输水→用水→排水→回归五个基本环节构成的人工水循环途径。

3.6.1.2 水管理

在天然水循环中，"管理"水是多余的，自然将按照其自身的规律"管理"水的运动。管理属于社会与经济范畴，是一个与人有关的概念。水管理发生在人与水以及由水而导致的人与人的关系中，是指在水循环过程中，运用法律、行政、工程、经济、技术、教育等水管理手段，对开发利用水的活动进行调整和规范。水管理在具体实施中，管理手段的选择需考虑效果、效率、公正、适应性等四个因素。

（1）效果。效果是对结果的评价，取决于管理手段是否能够达到管理者所希望达到的管理目的，其所体现的是管理手段的应用与预期目标的差距。如果能够实现预定目标，则手段是有效的；若不能，则效果不好。

（2）效率。效率是一个过程评价指标，体现的是管理手段的实施成本与其所实现效益的比较。效率是一个很诱人的指标，因为高效率意味着管理者可以以尽可能低的成本换取其管理的目标。

（3）公正。公正是从社会角度评价管理手段。公正评价包括两个内容：程序公正和结果公正。管理影响社会成员之间成本和收益的分配。这种分配影响将在同代人之间、当代人和下代人之间产生公正问题。

（4）适应性。适应性是对管理手段本身的评价。一种好的管理手段必须能适应市场、技术、知识、社会、政治和环境等条件的变化。

3.6.1.3 水安全治理

治理是或公或私的个人和机构管理或经营相同事务的诸多方式的总和。治理是使相互冲突或不同的利益得以调和并且采取联合行动的持续的过程，包括可以迫使人们服从的正式机构和规章制度，以及各种非正式安排。水安全治理的基本内涵及侧重点因时而异、因地而异。结合新时期水问题，从系统角度对水安全治理定义如下：水治理是指为保障水安全，政府、社会组织、企业和个人等涉水活动主体，按照水的功能属性和自然循环规律，在水的开发、利用、配置、节约和保护等活动中，统筹资源、环境、生态、灾害等系统，依据法律法规、政策、规则、标准等正式制度，以及传统、习俗等非正式制度安排，综合运用法律、经济、行政、技术以及对话、协商等手段和方式，对全社会的涉水活动所采取行动的综合。

治理主体：除政府外，企业、社会组织、公民个人均可作为水治理的主体，呈现出多元化趋势。

治理依据：除强制性的国家法律、政策、标准外，权利来源还包括各种非强制的契约，以及一些传统、习俗等非正式制度安排。

治理范围：较传统水管理而言，治理领域更宽阔，强调以公共领域为边界，而非仅仅局限于政府权力所及领域。

治理手段：强调综合运用法律、经济、行政、技术以及对话、协商等手段和方式，来解决复杂的水问题；尤其鼓励自主管理，强调通过协商和合作，实现权力的上下互动和平行互动，而非一味强制性的自上而下。

治理需求：强调水资源治理、水环境治理、水生态治理、水灾害治理以及统筹资源、环境、生态、灾害等的系统综合治理，旨在确保一个国家或地区保质保量、及时持续、稳定可靠、经济合理地获得所需水资源；确保水体的水质安全性，及支撑人类生存和发展的水体及其服务功能的安全性；确保流域水循环和水生生物多样性的态势及其健康性与可持续性；确保江河、湖泊和地下水源开发、利用、控制、调配和保护水资源各类工程的安全；确保正常生活和生产所需水资源的供给。

水安全治理具有基础性、系统性、动态性、层次性等典型特征。

基础性：水以气态、液态和固态三种形式存在于空中、地表和地下，包括大气水、海水、陆地水（河、湖、沼泽、冰雪、土壤水和地下水），以及生物体内的生物水。作为自然界的重要组成物质，水是人类、动植物、土地和生态等绝大部分自然资源中普遍存在的资源，其不仅是生命的构成要素，而且是整个生态系统的维持要素。且水是人类赖以生存的必不可少的重要物质，是工农业生产、经济发展和环境改善中无可取代的自然资源。因此，水治理对于保障生命系统和生态系统安全运行具有基础作用，且与粮食生产、能源、生态、居民健康、经济发展和社会稳定等息息相关。

系统性：水与多种自然资源具有高度的相关性，与环境、生态紧密相关，其自身之间也存在广泛的关联性。水治理是水资源、水环境、水生态、水灾害治理等多个方面的综合，这几者之间也不是相互独立的，具有很强的整体性，如水资源治理的程度，与水生态、水灾害之间有很强的关联性；水生态与水环境也有很强的关联性。

动态性：水治理是一个动态问题，任何国家和地区在不同时期都会不断出现新的问题，而且水本身的流动性、循环性和水量的利害两重性，也使得水治理问题更为复杂多变。

层次性：水安全的不同尺度，产生了国家水治理、流域水治理、区域或地区水治理，以及群体水治理和个体水治理等衍生概念。

3.6.2 水管理分类

3.6.2.1 水管理内容

根据水管理的内容进行分类，可以分为水资源管理、水环境管理和水服务管制等。人与水的关系发生在取水、排水的过程中，这就形成了人类（人工水循环）与天然水循环的两个交互界面，这两个界面构成了水资源管理和水环境管理。在取水和排水之间形成的由水而导致的人与人的关系中，构成了水服务管制。

1. 水资源管理

水资源是典型的公共地资源，与渔业资源、森林资源等一样难以排他、但可以为个人分别享用。在一个流域内，水资源的使用具有竞争性，缺乏清晰的产权界定和保护，容易造成"先来先用"现象。水资源的公开获取和用户间的竞争，造成水资源的过度使用，并且随着需求量增加，其稀缺程度提高，边际收益也越来越高。当不限制使用时，水资源就成为一种共享性资源：某人使用流域内的水，而不能排除他人使用；当某人的取水量超过一定量时（尤其是上游用户），就会影响他人的使用，甚至导致竞争，加速资源耗竭。为了避免水资源的开发利用陷入可能的"公共地悲剧"，就必须对其管理，就形成了水资源管理。

2. 水服务管制

水服务包括供水服务和污水收集与处理服务，具有为公众服务和自然垄断的特性。在经济和社会中，根据公共利益的判断，需要政府表达，由此为了公共利益，政府有必要管制水服务。因此，管制是为公共利益服务的政治决定。

管制是几乎所有国家都采用的一种管理公用事业的手段。公用事业得到政府的排他性授权，在特定条件和市场下从事活动。特定条件一般包括：①政府保留控制进入的权利；②政府保留管制价格的权利；③政府保留为公共利益而指定质量标准和某些其他服务条件的权利；④被授权者有责任向所有消费者提供上述②和③两条确定的"合理"服务。

3. 水环境管理

环境管理是对损害环境质量的人的活动施加影响，以协调发展与环境的关系。人是各种行为的实施主体，是产生各种环境问题的根源。环境管理通过经济、法律、技术、行政、教育等方法限制人类损害环境质量的行为。水是自然环境的要素之一，水环境管理是环境管理的重要组成部分，是指与"水"这一环境要素相关的环境管理，是一个大范畴，它涉及与水环境有关的一切要素和行为。水环境管理的目的就是满足可持续发展对水质量的需要，通过污染物的控制、水量的调度、水质的恢复、节水需求管理等各种行为，维护地理和生态的完整性，提高经济效益，保证社会公平。水环境管理的内容很广泛，概括地说，主要包括水环境规划、水环境监测、水环境模拟、水环境评价，污染源治理、污染源事故应急处理、水污染纠纷调解，水环境政策与法规的制定与实施、水环境科研等。水环境规划对水环境有关的活动和行为作出具体安排，对环境现状、存在问题、未来水环境发展趋势进行预测，提出治理恢复方案。水环境监测为水环境管理提供基础数据。水环境模拟是对水环境变化、可能存在的各种情况进行模拟，为水环境规划方案优化决策提供基础。水环境评价对水环境给予各种评价，是水环境规划的基础。污染源治理是水环境管理的重要环节。污染事故应急处理是对突发水污染事件的应急处理。水污染纠纷调解是水环境发生变化后给相关单位或个人造成影响需要进行调解的处理方式。通过制定水环境政策与法规，可以引导人们的行为，有利于水环境保护。

3.6.2.2　水管理手段

水管理的目的是纠正和避免公共地悲剧、自然垄断导致的市场垄断力量和维护公共利益以及避免外部性导致的市场失灵。水管理的体制安排有两种手段，即外部的进入限制和内部的激励机制。

外部限制，即进入限制，是广泛采用的管制手段。在水管理中采用进入限制可以控制用水量、水服务市场的厂商数量和排污量等。目前，在水行业中广泛实施的许可制度就属于进入限制，包括水资源管理中的取水许可、水服务管制中的经营许可（资金、技术水平等）、水环境管理中的污水排放许可等。

内部激励机制包括建立产权和采用各种经济手段，如水资源费（税）、排污费、押金制度、价格管制、可交易水权（许可）市场等。激励机制主要通过各种经济手段和产权制度，影响企业成本，使其能自行选择最优的利用、生产和污染治理水平，以达到资源有效利用、限制垄断和鼓励竞争以及环境保护的目的。

拓展阅读 ～～～～～～～～～～～～～～～～～～～～～～～～～～～～～～～～～

我 国 治 水 史

从夏商周开始，各历史时期水治理的重点任务随社会发展需求的不同而不同，水治理体制随之发生演变。

1. 古代水治理

古代水治理以防洪、灌溉、漕运最为重要。远古时期大禹率领开展大规模治水活动，开启了以政府为主导的水治理体制。其后历朝历代防洪建设从未间断，东汉王景修筑黄河堤防，经历 800 多年没有发生大的改道与决口。北宋黄河又开始频繁决口，治河防洪再次提上议事日程，同时期长江干流中游的商业和交通重镇亦开始筑堤。黄河于南宋年间开始夺淮入海，700 年间，与淮河、长江相互纠结，带来巨大防洪问题。明清两代治河投入的人力、物力和财力超过以往任何朝代，清代河工经费一度高达国家财政收入的 1/8~1/6。

中国历代都在中央机构中设置管理水利的部门、职官。秦汉以来历代均在中央设置有水行政管理机构。隋唐建立三省六部以来，主要由工部从事治水政令的管理。明清以来，工部属官改称都水司，成为专设的中央水行政机构。出于对江河安澜的重视，秦汉以来中央政府均单独设立派出机构与官员，主管水利工程建设的计划、施工、管理等。唐及宋金元时期设都水监，管理江河治理工程。明清时期，江河管理体制进一步发展，创设了专门的河道管理机构——总理河道衙门与河道总督。

2. 近代水治理

1840 年鸦片战争以来，我国封建经济加速解体，逐步沦为半封建半殖民地社会。这一时期，水治理的主要任务仍是防洪、灌溉和航运等。水利在局部地区有所发展，但总的来说是日渐衰落。

民国初年，北洋政府将水利分属内务部和农商部，随后设置全国水利局，由三个机构协商办理。1934 年统一全国水利行政，由全国经济委员会总管全国水利事项，下设水利委员会。政府逐步认识到流域治理的重要性，在一些比较重要的河流设立流域管理机构。1947 年，水利委员会改组为水利部，并统管黄河水利工程总局、长江水利工程总局、淮河水利工程总局、华北水利工程总局、东北水利工程总局、珠江水利工程总局等流域水政机构。全国共有 17 个省份设置了水利局。此外，1915 年创建了我国第一所培养水利人才的学校——南京河海工科专门学校；1931 年成立了我国第一个水利学术团体——中国水利工程学会。

3. 当代水治理

新中国成立至 1988 年《中华人民共和国水法》颁布，治水的中心任务是治理江河、防治水旱灾害、发展农田水利、水电建设，工作内容主要是水利工程建设。世纪之交，特别是 1998 年后，治水思路发生深刻变化，水利工作更加注重水生态保护与修复、水资源节约保护、水环境污染防治等。

1988 年《中华人民共和国水法》颁布，国家对水资源实行统一管理与分级、分部门管理相结合的制度，水利部作为国务院水行政主管部门，负责全国水资源的统一管理，有关部门按照职责分工负责相关涉水事务管理。2002 年《中华人民共和国水法》修订，国家对水资源实行流域管理和区域管理相结合的管理体制，水利部负责全国水资源的统一管理和监督工作，国务院有关部门按照职责分工，负责水资源的开发、利用、节约、保护有关工作。2018 年，政府进行了机构改革，大刀阔斧地调整生态保护和自然资源管理等机构设置与职能配置，设立了生态环境部、自然资源部，优化了水利部的职能。

3.6.3 水利信息安全

1. 定义

信息安全，ISO（国际标准化组织）的定义为：为数据处理系统建立和采用的技术、管理上的安全保护，为的是保护计算机硬件、软件、数据不因偶然和恶意的原因而遭到破坏、更改和泄露。随着水利改革的进一步深入和信息化步伐的不断加快，水利信息化建设实现了质的飞跃和发展，基于网络的各种信息交换、办公自动化的信息系统得到了广泛的应用。不但能进行数据集中和应用整合，而且在全国范围内实现了"上传下达，互联互通"，水利系统之间、上下级单位之间具备了实时、高效的通信平台和工作平台，使各项业务工作的科技含量和工作效率得到了全面提升。在水利信息化脚步逐渐加快的同时，各种信息安全隐患也迅速增加，风险逐渐显现，再加上基层水利单位存在专业人员少、技术力量不高、防范能力差等弱点，如何防范和化解科技风险、确保水利信息安全显得非常重要。

2. 水利信息安全内容

信息安全主要包括网络安全、运行办公系统安全及信息内容安全三个方面。

（1）网络安全是使网络系统免受病毒、黑客的威胁，为信息处理和对外交换传输提供一个安全的通道，通常通过杀毒软件、防火墙、实时安全监测系统等一系列的安全技术的结合来保障。

（2）运行办公系统安全是指信息处理系统的安全，避免因为软硬件故障而使系统存储、处理的信息遭到损坏。

（3）信息内容安全是指信息内容的真实、完整和保密，避免重要信息被他人所窃取和利用。

3. 水利信息安全问题与解决策略

（1）硬件设备的不稳定性问题。

水利信息网站建设了专用机房，大多数机房配置 UPS 电源和空调设备，采取了防雷、防静电、防火等措施，部分单位机房还配置门禁、视频监控等设施。但仍存在硬件设备不足、设备老化等问题，给信息系统带来不稳定的问题。信息系统通常通过提前建立系统化的数据应急方式，建立灾备系统，以应对灾难的发生。水利信息网络系统的备份与

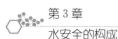

恢复主要内容包括:

1)服务器的备份。组成水利信息网络系统的服务器有很多,依据功能及作用的不同其重要性差异也较大,不同的服务器应采取不同的安全防护策略,对于水文防汛等重要服务器,必须建立热备份或冷备份机制,要实时做到信息的备份。

2)网络备份。主要分为电路备份、拓扑选型、单点故障排除和保存配置等几方面内容。对于网络电路必须建立水利信息网络的电路备份体系,对水利信息网络系统所使用的路由器、防火墙、交换机等相关的配置文件应给予安全的备份,当网络设备出现故障时可以通过备份的配置文件,以恢复原始的设置。

3)数据的备份。包含系统数据备份、应用数据备份两方面。为了保证水利信息系统关键数据的安全性,必须建立数据安全备份或灾难备份计划。可以对数据库进行备份,也可以对数据文件及日志进行备份。

4)灾难恢复。水利信息网络系统的灾难恢复计划,应考虑冗余系统即分布式系统,其目标是消除单点故障。当故障出现时,冗余系统及时接替进行服务和工作,保证水利信息网络的稳定运行。

(2)应用系统环境安全问题。

应用安全威胁主要是指应用系统在应用层面所面临的安全风险。应用系统多为定制开发,在对外服务中存在缓冲区溢出、目录日历漏洞、软件运行出错,或无法运行等安全隐患。在选择定制开发软件的公司,或者选择软件时,尽可能选择运行稳定不出问题、响应速度快的应用系统。要多渠道了解应用系统环境使用的稳定性,要进行认真的测试后才能选择,以降低不安全的因素。

(3)黑客的攻击。

黑客利用计算机网络的漏洞侵入网络,对网络进行恶意攻击,意图使网络瘫痪;或者通过获取管理员密码,从而窃取数据,达到控制对方计算机的目的,影响整个网络的运行和使用,并带来了巨大的经济损失。黑客可通过外部、内部网络入侵计算机信息网络系统。

1)外部风险。信息网络上只要有1台机器同时连接在内部网和互联网上,整个水利信息网络就暴露在互联网上,就存在受黑客攻击的危险。为了防止信息网络出现问题,结合地域分布及业务流程的实际应用情况,可以考虑建设地域分中心,地域分中心之间形成网状结构,整个网络调整为星型和网状相结合的结构,降低单一星型网络的安全风险。在信息网络上布设防火墙等安全设备。对于黑客的入侵,可以选择使用入侵检测系统,以提高信息网络的安全性。

2)内部风险。内部职工对自身网络的结构应用比较熟悉,自己攻击或内外勾结泄漏重要信息,都将可能导致系统的瘫痪,信息的破坏或泄密。内部攻击的防范难度比较大,内部人员可以绕过防火墙对网站进行攻击,对信息网站的威胁更大。水利信息网络可以根据实际应用和物理分布情况，划分不同的子网。将不同风险等级保护的网络资源相互隔离，实施相应的访问控制机制，同时进行硬件地址与 IP 地址绑定，并防止出现伪装，这样可以降低安全风险。对于水利部门人员对网络的使用要严格规定，内外网不能同时使用。划归外部网络的可以访问互联网，但不能访问信息网络的关键性数据，不能访问信息网络的管理后台；划归内部网络的只能访问水利信息网络的内部资源，不能与互联网进行连接，保证内部网络的安全。信息网络从内部比从外部攻击更容易攻破。因此，在进行安全管理时，还要加强对内部设备和账户的监控，可以采用硬件设备进行信息传递的监测，同时对内部也要设置较高级别的安全防护机制，也可以在内部网络使用安全防范设备。

（4）计算机病毒的威胁。

计算机病毒爆发，轻则使计算机运行速度迅速变慢，重则使计算机软件系统瘫痪，甚至会破坏计算机硬件，使其报废。病毒一旦进入计算机后就会隐藏起来，以此躲避用户的发现。它们会躲避在正常的文件当中，甚至会不断改变自己，以此来逃避杀毒软件的查杀。病毒可以攻击计算机的软件、硬件和数据，包括操作系统、系统数据区、内存、网络系统等。随着计算机和互联网的发展，计算机病毒也呈现出了一些新的发展趋势：传播网络化、传播方式多样化、入侵移动通信工具等。另外，黑客技术和病毒技术相互融合，更是不断威胁着信息网络安全。由于病毒主要来源于 Internet，通过电子邮件、Web 访问、文件下载和文件共享等方式进行传染，因此水利信息网络的防病毒系统应重点关注防火墙、邮件服务器、工作站、Web 服务器和文件服务器。计算机病毒防治工作应包含以下内容：

1）对传播途径进行有效的病毒过滤，对可能感染病毒的不同风险区域进行有效的隔离。

2）在桌面服务器上部署防病毒系统清除病毒。

3）针对邮件系统建立病毒检测清除系统。在选择查杀病毒的软件时，可以选择网络杀毒和安全防护软件，减少了维护及设置时间。

（5）非授权访问。

一般把没有经过对方同意，就使用对方网络或计算机资源的情况称为非授权访问。如果未经同意，有意避开访问控制机制，对网络或系统非法使用；或者擅自扩大对方给予自己的权限，越权访问信息，都是非授权访问。非授权访问存在以下几种访问形式：攻击、假冒、非法侵入、合法用户越权操作等。应对来自不同风险程度网络的用户，采用不同强度的认证方式，对不同安全等级的用户采取合适强度的安全认证策略，在满足应用系统安全强度要求的前提下，最大限度地降低因安全技术的使用给应用带来的使用繁琐性。例如对外部网的用户采用双因子身份认证方式，既使用账号加口令，同时使用含身份证书的硬件智能卡来验证。对于仅使用内部网传输的重要信息可采用摘要数字签名的方式进行认证。

（6）信息泄露或丢失。

信息在网络的传输中，由于没有加密或者黑客恶意的分析破解信息的流向、流量、长度等参数，导致信息的泄露或丢失。信息在存储的过程中，由于管理不善也会造成泄露或者丢失。对水利内部人员在广域网上数据的保密传输，可以采用加密机、加密卡或软件加密等方式来实现。对远程监控系统数据，安全要求高保密性强的应用项目，也可采用端到端加密传输措施，利用加密系统的认证和加密传输，保证水利广域网传输数据的机密性、完整性。

拓展阅读

水利部办公厅关于西沟水库"3·1"漫坝事故情况的通报

办监督函〔2021〕1004 号

部直属各单位，各省、自治区、直辖市水利（水务）厅（局），各计划单列市水利（水务）局，新疆生产建设兵团水利局：

2021 年 3 月，位于河南省济源市的小浪底水利枢纽附属工程西沟水库发生漫坝事故，8 月，济源市人民政府批复了事故调查报告，相关责任人员的党纪政务处分和组织处理工作现已完成。为强化警示教育，防范类似事故再次发生，现将事故情况通报全行业。各地区各单位要深刻吸取事故教训，引以为戒、举一反三，进一步推动安全生产各项工作落地落实，努力保持水利安全生产形势持续稳定。

一、事故情况

西沟水库是小浪底水利枢纽的附属工程，由黄河水利水电开发集团有限公司负责运行管理，小浪底水利枢纽管理中心负责监管。2021 年 3 月 1 日 3：35 左右，灌溉洞供水支洞工作闸门非正常自行开启，水流进入西沟水库内；6：35，西沟水库漫坝；6：53，水流进入小浪底水电站安装间；7：00—7：17，小浪底水电站 6 号、5 号、4 号、3 号发电机组先后事故停机，1 号、2 号发电机组经申请紧急停机；8：37，灌溉洞进口事故闸门关闭；3 月 2 日 2：30，西沟水库放空。

经调查认定，这起事故是一起较大生产安全责任事故，直接经济损失 2363.38 万元。直接原因是黄河水利水电开发集团有限公司对水库闸门启闭机维修养护和管理不到位，事故发生前闸门控制系统可编程控制器存在电气故障，处于功能紊乱状态，致使闸门非正常自行开启。间接原因是水库运行管理薄弱，监管存在盲区，长期失管失察；灌溉洞供水支洞工作闸门维修养护和管理不到位，长期带病运行；水库水位监测缺失；现场视频监控系统未发挥监控作用；值班人员履职不到位，劳动纪律松弛；工程运行管理相关制度不完善，执行不到位等。

根据调查结论和有关党纪政务规定，小浪底水利枢纽管理中心、黄河水利水电开发集团有限公司等单位的 38 名责任人受到不同程度的党纪政务处分和组织处理，黄河水利水电开发集团有限公司依法被处罚款。

二、主要教训

（一）未树牢安全发展理念，贯彻落实统筹发展和安全的要求存在差距。西沟水库具有保护小浪底电站地下厂房安全运行的重要作用，但小浪底水利枢纽管理中心及其所属企业未牢固树立安全发展理念，未时刻绷紧安全生产这根弦，重主体工程轻附属工程，放松了对附属工程设施设备的管理，思想上麻痹大意，安全风险防控不到位，隐患消除不及时，没有守住安全底线。

（二）主体责任不落实，运行监督管理存在漏洞。生产经营单位安全生产主体责任不落实，监管单位安全监管不到位。作为灌溉洞供水支洞工作闸门运行关键设备的闸门启闭机控制系统维修养护不到位；闸门长期没有进行过启闭试验；闸室漏雨、潮湿，除湿防尘措施不力；西沟水库坝前雷达水位计数据长期异常，使用、维修涉及多个单位，却未整改到位。生产经营单位和监管单位安全管理存在突出问题和薄弱环节，最终导致这次事故发生。

（三）工程监测预警和应急管理不力。从灌溉洞供水支洞工作闸门非正常自行开启过水到西沟水库漫坝的 3 个小时时间内，生产经营、安全保卫等各部门值班人员均未能按照操作规程规范要求履职，未及时发现和处置险情，错失事故处置时机。发电机组跳闸停机后，有关单位和人员无法迅速反应、有效处置险情，导致事故损失增加。应急预案制定不全面、措施不得力，在水淹厂房时三项应急措施均未启动，没有发挥作用。

（四）安全风险管控和隐患排查治理工作流于形式。小浪底水利枢纽管理中心未按照有关要求组织开展危险源辨识和管控工作，辨识依据不符合要求，数量存在严重偏差，5 个工程仅辨识了 8 个危险源；虽然层层部署、多次开展安全生产检查，但安全风险隐患排查不认真、不扎实，2020 年曾出现设备老化引起电击的事件，但未引起足够重视和举一反三，未立即对设备进行全面排查和维修养护，没有落实"从根本上消除事故隐患"的要求。

三、有关要求

（一）进一步提高政治站位，压实安全生产责任。各地区各单位要深入学习习近平总书记关于安全生产重要论述，深刻吸取事故教训，牢固树立安全发展理念，坚持人民至上、生命至上，坚决摒弃事故不可避免论，强化底线思维、红线意识，把防范化解安全风险摆在重要突出位置，严格落实"党政同责、一岗双责、齐抓共管、失职追责"和"管行业必须管安全、管业务必须管安全、管生产经营必须管安全"的安全生产责任体系，层层压紧压实党政领导责任、工程主管单位监管责任和工程运行单位主体责任，克服松懈麻痹思想，对风险隐患要一抓到底、彻底管控治理，切实保障水利重要基础设施安全和人民群众生命财产安全。

（二）全面加强水利工程建设运行安全管理。各地区各单位要切实履行水利工程建设、运行各个环节的监管责任，强化源头治理和系统治理，加大监督执法力度，及时发现并督促水利生产经营单位解决存在的突出问题。各水利生产经营单位要落实新安全生产法，压紧压实主体责任，建立健全并严格落实全员安全生产责任制，加强日常管理，推动水利工程建设和运行相关制度规范的制订、修订，明确工程建设、维修养护、巡查检查、监测预警、应急处置等方面的具体要求。要加强设施设备尤其是安全设施的管控，提升工程监测预警能力，做到早发现、早报告、早预判、早处置。部属生产经营单位，在加强内部安全管理和监督的同时，还要按照属地原则，主动自觉接受属地政府及其部门的监管，进一步扎实做好安全风险分级管控和隐患排查治理工作。

（三）有效推进安全风险分级管控和隐患排查治理工作。各地区各单位要建立健全安全生产风险查找、研判、预警、防范、处置、责任等全链条管控机制，不断完善危险源辨识、风险评价和分级管控制度，做细做实安全生产状况评价。要扎实开展全行业安全生产专项整治三年行动集中攻坚，组织水利工程建设和运行单位进行常态化隐患排查治理。重点关注下游有重要设施的工程、病险工程、位于地质灾害易发地的工程，高度重视工程设施设备失修失养严重、超负荷使用等情况。要深入分析冬季安全生产形势特点，全面落实水利建设工程冬季施工和水利工程设施预防强降雪、冰冻等灾害性天气以及防范火灾等各项措施，并落实好新冠肺炎疫情防控期间各项安全防范工作。要紧盯元旦、春节等重要节点的安全防范，特别是党的十九届六中全会召开期间，要认真开展隐患排查治理，集中整治违法违规行为。要聚焦苗头性倾向性问题，对发现的重大隐患要挂牌督办、落实责任、验收销号，实行闭环管理，确保排查不走过场，整改不打折扣，防止监督检查中的形式主义、官僚主义。

（四）持续强化警示教育和应急管理工作。各地区各单位要将西沟水库"3·1"漫坝事故作为典型案例开展警示教育，以案说法，教育广大职工增强安全意识，依法履职尽责。要加强对一线从业人员特别是关键岗位职工、新职工、对外委托单位人员的安全教育培训，加快推进水利安全生产标准化建设，提高职工防范风险能力，提升单位本质安全水平。要加强应急管理工作，按照有关规定，严格执行领导干部带班、关键岗位 24 小时值班和事故信息报告制度，进一步健全水利安全生产预案体系并加强演练，遇到突发事件要及时采取有效措施进行科学应对，防止因处置不力导致损失加大或者发生次生灾害。

本 章 小 结

水安全的内涵主要包括六个方面：水旱防御安全、城乡用水保障安全、水生态安全、水环境安全及水工程安全。水旱防御安全是人类生存最重要保障的之一，当前全球 CO_2 含量的不断上升导致洪涝灾害和旱灾的加剧，系统认知水旱防御安全的概念、分类、等级划分及响应等级，是保障水旱防御安全的前提。城乡用水保障安全事关人民的日常生活，主要包括城乡饮水安全、城乡供水安全及水资源利用与保护等三个主要方面。水生态安全兼有自然、社会、经济和人文的属性，社会经济的发展以水生态承载力为基础。水环境是构成环境的基本要素之一，是人类社会赖以生存和发展的重要场所，当前水环境安全评价主要包括重金属污染状况评价、重金属健康风险确定性评价和水体富营养化评价。水工程承担着防洪、发电、灌溉、供水等重要作用。作为国民经济的基础，水工程的安全问题是国家安全问题的重要组成部分，水工程的安全运行是工程经济和社会效益得以发挥的重要保障。

作 业 与 思 考

一、名词解释

1. 水资源安全

2. 水生态承载力

3. 水环境质量标准

4. 饮水安全

5. 城乡供水一体化

6. 水工程

二、填空题

1. 如果（　　　　　）恰好能够支撑经济社会系统，两者会处于一种平衡的状态，此时的经济社会状态便是水资源所能支撑的（　　　　　），也即水资源承载力。

2. 根据诱因及成灾环境的区域特点，洪涝灾害可分为（　　　　　）、（　　　　　）、（　　　　　）、蓄洪型、山洪型以及（　　　　　）六种。

3. 国家防汛应急响应级别共为（　　　　　），其中（　　　　　）为最高级别。

4. 水资源开发利用，是改造自然、利用自然的一个方面，其目的是（　　　　　）。水资源保护的核心是根据水资源时空分布、演化规律，（　　　　　）人类的各种取用水行为，使水资源系统维持一种（　　　　　）的状态，以达到水资源的（　　　　　）。

5. 水环境承载能力是指在一定的水域，其水体能够（　　　　　）并（　　　　　）时，所能（　　　　）的（　　　　　　）。在一些发达国家，要求城市和工业做到零排放，一方面节水，用水量（　　　　），另一方面对污水处理做到（　　　　）。

三、判断题

1. 某地存在干旱情况，就一定会引发旱灾。　　　　　　　　　　　　　　　（　　）

2. 依据气象干旱综合指数划分，气象干旱等级可以分出 5 级。　　　　　　（　　）

3. 为了保障国家粮食安全和农民基本收益，多年来我国农业部门始终执行低水价政策，这对水环境和生态安全也是有利的。　　　　　　　　　　　　　　　　（　　）

4. 生态需水量是一个临界值。　　　　　　　　　　　　　　　　　　　　　（　　）

5. 跨流域调水工程不必全面分析跨流域的水量平衡关系，只需综合协调地区间可能产生的矛盾和环境质量问题。　　　　　　　　　　　　　　　　　　　　　（　　）

6. 水系被污染后，有许多种污染物如重金属、多氯联苯、有机氯农药、重质焦油等沉积于水体底泥中。它们有可能重新返回水中造成二次污染。　　　　　　　　（　　）

四、简答题

1. 简述水安全 6 个方面的内涵。

2. 水工程主要有哪些类型？简述水工程类型的概念。

本 章 参 考 文 献

[1] 生活饮用水卫生标准：GB 5749－2006 [S]. 北京：中国标准出版社，2019.

[2] 气象干旱等级：GB/T 20481－2017 [S]. 北京：中国标准出版社，2018.

[3] 孙杰. 干旱区流域水文过程分析及水资源管理 [D]. 北京：华北电力大学，2019.

[4] 董聪聪. 北京市城市居民生活用水行为特征模拟与引导策略研究 [D]. 北京：中国地质大学，2020.

[5] 张修宇，秦天，杨淇翔，等. 黄河下游引黄灌区水安全评价方法及应用 [J/OL]. 灌溉排水学报，2020（9）.

[6] 孙杰. 城市水文水动力耦合模型及其应用研究 [D]. 北京：中国水利水电科学研究院，2019.

[7] 张乃明. 引用水源地污染控制与水质保护 [M]. 北京：化学工业出版社，2018.

[8] 高志娟，刘昭，王飞. 水资源承载力与可持续发展研究 [M]. 西安：西安交通大学出版社，2017.

[9] 温季，郭树龙，周超峰，等. 中国现代农业科技示范区水资源承载力及高效利用关键技术 [M]. 西安：西安交通大学出版社，2017.

[10] 朱党生，等. 河流开发与流域生态安全 [M]. 北京：中国水利水电出版社，2012.

[11] 谢彪，徐桂珍. 水生态文明建设导论 [M]. 北京：中国水利水电出版社，2012.

[12] 张艳军，李怀恩. 水资源保护（第二版）[M]. 北京：中国水利水电出版社，2018.

[13] 高庭耀，顾国维，周琪. 水资水污染控制工程 [M]. 北京：高等教育出版社，2015.

[14] 张沛. 塔里木河流域社会-生态-水资源系统耦合研究 [D]. 北京：中国水利水电科学研究

院，2019.

[15] 黄温柔．珠江河口与河网水环境安全评价研究［D］．广州：华南理工大学，2019.

[16] 种潇．三峡库区饮用水源地水环境安全评判体系的研究-以和尚山饮用水源地为例［D］．北京：华北电力大学，2017.

[17] 杨泽凡．基于水流过程的河沼系统生态需水与调控措施研究［D］．北京：中国水利水电科学研究院，2019.

[18] 姜大川．气候变化下流域水资源承载力理论与方法研究［D］．北京：中国水利水电科学研究院，2018.

[19] 陈姚．襄阳城市水安全评价及其生态修复策略研究［D］．武汉：华中科技大学，2020.

[20] 周晓翠，王玉芳，刘涛．新形势下加强水利信息安全的工作要点［J］．海河水利，2011（6）：63-64.

[21] 胡勇．水利信息网络安全问题研究［J］．东北水利水电，2015，33（12）：44-45.

第 4 章

水安全保障体系

4.1 水安全保障概述

4.1.1 水安全发展历程

我国是世界主要经济体中水安全形势最复杂、最严峻的国家。水已成为了我国严重短缺的产品，成了制约环境质量的主要因素，成了经济社会发展面临的严峻安全问题。我国水资源新老问题交织且矛盾突出，国家水安全保障与治理现代化面临诸多挑战。21世纪以来，党和国家高度重视水安全保障，加大投入，深化改革，强化支撑，将我国水安全度逐步提高，但当前和未来我国水安全情势依然严峻，问题依然突出，随着迈入新时代，对水安全保障也提出了更高的要求。

党的十八大以来，党中央把水安全上升为国家战略的高度。"节水优先、空间均衡、系统治理、两手发力"的治水思路（图 4.1），成为我国新时代水治理基本遵循。

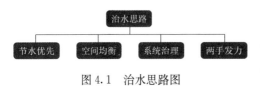

图 4.1　治水思路图

2020 年全球风险报告称，未来 10 年按照发生影响严重性排序的前五位风险依次为：气候变化缓和与调整措施失败；大规模杀伤性武器；重大生物多样性损失及生态系统崩溃；极端天气事件（如洪灾、暴风雨等）；水资源危机。而 2019 年水资源危机则排在第四位。可以看出，近年来水危机现象已经占据全球风险认知的前列，是一项需要全球共同面对的严峻挑战。

4.1.2 实施水安全保障的重大意义

解决水安全问题，是实现两个一百年奋斗目标和中华民族伟大复兴的重要保障。治水历来都是治国安邦的大事。新形势下，我国经济社会发展和人民生活改善对水提出了新的要求，发展和水资源的矛盾更加突出，水对经济安全、生态安全、国家安全的影响更加突出，加快实施水安全保障意义重大、影响深远。

4.1.2.1　事关中华民族永续发展

当前我国经济发展过程中，面临资源约束趋紧、环境污染严重、生态系统退化的严峻形势，新水问题在其中表现得尤为突出，成为最大瓶颈制约和最大"心腹之患"。从可持续发展、科学发展观，到绿水青山就是金山银山理论，必须树立尊重自然、顺应自然、保护自然的生态文明理念，将生态文明建设融入经济建设、政治建设、文化建设、社会建设各方面和全过程，推进美丽中国建设。

4.1.2.2　水安全问题事关人民福祉和党的执政基础

目前，我国社会主要矛盾已经转化为人民日益增长的美好生活需要和不平衡不充分的发展之间的矛盾。老百姓过去"盼温饱"现在"盼环保"，过去"求生存"现在"求生态"。人民群众对干净的水、清新的空气、安全的食品、优美的环境等的要求越来越高。良好生态环境是最公平的公共产品，是最普惠的民生福祉。解决不好水资源短缺、水生态损害、水环境污染等群众反映强烈的突出民生问题，长此以往，就很可能陷入"塔西佗陷阱"，失去公信力，失去民心。

4.1.3　水安全保障体系

水安全工作受到党中央、国务院及全国各省（自治区、直辖市）党委和政府的高度重视。水安全可以集中体现为新时代人民群众对防洪安全、饮水安全、用水安全、河湖生态安全的新需求和新期待。本书以《湖南省"十四五"水安全保障规划》为背景，结合我国其他省市的水安全保障规划及针对地方水情采取的水安全举措，总结出水安全保障体系应包含节水、防洪、水资源配置、河湖生态、水管理五个方面。

4.2　节水保障体系

节水是国家治水优先策略，目前我国节水现状存在结构性、系统性节水不足，节水精准施策不够，节水收效不明显，节水技术和手段创新不足等问题。针对上述问题，按照"节水优先"的要求，着力实施农业节水、工业节水、城镇节水、全民节水保障体系。

4.2.1　农业节水

水资源短缺是制约我国农业发展的主要因素，农业发展必须以节水为根本的指导原则，强化农业节水增效，推进高效节水灌溉，加快高标准农田建设，加大渠道衬砌和田间节水工程建设力度，加快经济作物节水设施建设，发展节水农业社会化服务。

4.2.1.1　推进高效节水灌溉

我国农业用水效率较低，灌溉输水渠系统水量损失率达60%以上，这样的用水效率会加大供求矛盾，必须强化农业节水增效，推广节水灌溉等技术。我国农业上常用的节

图 4.2　我国农业上常用的节水增效技术

水增效技术如图 4.2 所示。

（1）喷灌。借助水泵和管道系统或利用自然水源的落差，把具有一定压力的水喷到空中，散成小水滴或形成雾降落到植物上和地面上的灌溉方式。具有节省水量、不破坏土壤结构、调节地面气候且不受地形限制等优点。田间的喷灌系统如图 4.3 所示。

图 4.3　田间的喷灌系统

（2）滴灌。利用塑料管道将水通过直径约 10mm 毛管上的孔口或滴头送到作物根部进行局部灌溉。水的利用率可高达 95%，是目前干旱缺水地区最有效的一种节水灌溉方式。滴灌管道如图 4.4 所示，滴灌系统示意图如图 4.5 所示。

图 4.4　滴灌管道　　　　　　　　图 4.5　滴灌系统示意图

4.2.1.2　加快高标准农田建设

高标准基本农田是一定时期内，通过土地整治建设形成的集中连片、设施配套、高产稳产、生态良好、抗灾能力强，与现代农业生产和经营方式相适应的基本农田。包括经过整治的原有基本农田和经整治后划入的基本农田。

开展高标准基本农田建设，要坚持规划引导，统筹安排，规模整治，优先在基本农田范围内建设；坚持因地制宜，实行差别化整治，采取田、水、路、林、村综合整治措施；坚持数量、质量、生态并重；坚持农民主体地位，充分尊重农民意愿，维护土地权利人合法权益，鼓励农民采取多种形式参与工程建设；以土地整治专项资金为引导，聚合相关涉农资金，集中投入，引导和规范社会力量参与。强化资金保障，提高建设标准，强化质量监管，完善管护机制，强化激励约束，引导良田粮用。

近年来，我国高标准农田建设取得显著进展，截至 2020 年年底累计完成 8 亿亩建设任务。"十四五"规划和 2035 年远景目标纲要提出，建成 10.75 亿亩集中连片高标准农田。高标准农田如图 4.6 所示。

4.2.1.3　发展田间工程技术

田间工程通常指最末一级固定渠道（农渠）和固定沟道（农沟）之间的条田范围内的临时渠道、排水小沟、田间道路、稻田的格田和田埂、旱地的灌水畦和灌水沟、小型建筑物以及土地平整等农田建设工程。健全田间工程对提高灌排质量，减少田间水量损失，充分发挥灌排工程效益，改善生态环境，加快农业现代化进程，具有十分重要的意义。田间灌溉渠道如图 4.7 所示。

图 4.6　高标准农田　　　　　　　图 4.7　田间灌溉渠道

4.2.2　工业节水

推进工业节水减排，加强工业节水改造，提高工业用水重复率，建立和完善循环用水系统，改革生产工艺和用水工艺，推广高效节水工艺和技术。加强工业园区用水评估，严格控制高耗水项目建设，统筹供排水、水处理及循环利用设施建设，推动企业间的用水系统集成优化，完善供用水在线监测，强化生产用水管理。

4.2.2.1　提高冷却水重复利用率

工业用水是指工业生产过程中使用的生产用水及厂区内职工生活用水的总称。生产用水主要用途是原料用水、产品处理用水、锅炉用水、冷却用水等。其中冷却用水在工业用水中一般占 60%～70%。工业用水主要包括冷却用水、热力和工艺用水、洗涤用水。其中工业冷却水用量占工业用水总量的 80% 左右。我国工业用水重复利用率平均只有 30%～40%，我国一万美元 GDP 所消耗的水约为 5045m³，是美国的 9.8 倍，是日本的

24.45 倍。

工业用水量虽较大，但实际消耗量并不多，一般耗水量约为其总用水量的 0.5%～10%，即有 90%以上的水量使用后经适当处理仍可以重复利用。

冷却水是工业用水中用水量最多的环节，提高冷却水循环利用率是一条节水减污的重要途径。应按实际供用水情况，将一个工段、一个车间、一个工厂或一个企业组成一个供水、用水、排水结合的闭路循环用水系统。把系统内生产使用过的水，经过适当处理后全部回用到原来的生产过程或其他生产过程中，只补充少量新水或经处理后的水，不排放或极少排放废水，提高水的重复利用率及利用效率，实现节水的目的。

工业用水重复率是工业用水中重复利用的水量与总用水量的比值。计算公式为

$$\eta = W_{重}/W \times 100\%$$

式中：η 为工业用水重复率；$W_{重}$ 为重复利用的水量；W 为总用水量。

4.2.2.2　改革生产工艺和用水工艺

我国耗水量较高的产业（图 4.8）集中在火力发电、钢铁、石油、石化、化工、造纸、纺织、食品与发酵等 8 个行业，其取水量约占全国工业总取水量的 60%（含火力发电直流冷却用水），上述行业也成为工业节水非常重要的阵地。

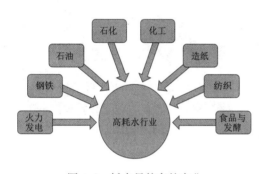

图 4.8　耗水量较高的产业

（1）火力发电行业节水途径可以通过提高循环冷却水的浓缩倍数，实现循环冷却水系统零排放，或使其排污量相当于冲灰水量。进行废水处理回用，如将轴承冷却水和化学冷却水等废水处理后回用。

（2）钢铁工业节水途径可以推广高炉和转炉的煤气洗涤水、轧钢含油废水、酸洗废液的回收和利用技术。

（3）石油工业推广优化注水技术，减少无效注水量。对特高含水期油田，采取细分层注水，细分层堵水、调剖等技术措施，控制注水量。

（4）石化行业节水途径有推动企业转变用水方式，提高水资源利用效率，减少废水排放，加快制定重点石油石化产品的用水统计办法和水耗标准。

（5）化学工业节水措施可以发展小化肥厂合成塔、碳化塔冷却水的闭路循环系统；发展封闭式循环水系统。

（6）造纸工业发展化学制浆节水工艺。推广纤维原料洗涤水循环使用工艺系统；推广低卡伯值蒸煮、漂前氧脱木素处理、封闭式洗筛系统。

（7）纺织工业推广使用高效节水型助剂；推广使用生物酶处理技术、高效短流程前处理工艺、冷轧堆一步法前处理工艺、染色一浴法新工艺、低水位逆流漂洗工艺和高温

高压小浴比液流染色工艺及设备。

（8）食品与发酵工业根据不同产品和不同生产工艺，开发干法、半湿法和湿法制备淀粉取水闭环流程工艺。推广脱胚玉米粉生产酒精、淀粉生产味精和柠檬酸等发酵产品的取水闭环流程工艺。

根据各行业、各项目、各工序对水质的要求，可在工序间、车间、厂区内及厂际，将多个用水工序按所需水质洁净程度，排列合理的用水次序，使上一程序的废水成为下一程序的用水，依次进行，既能满足各工序的水质要求，又可节约大量新水。例如：新水—间接冷却水—清水洗涤—浊水洗涤—简单沉淀处理后冲灰、市政清扫或卫生冲刷。即新水先用于冷却，温度升高后直接用清水洗涤，清水洗涤后的废水经简单处理，供浊水洗涤户使用，浊水洗涤的污水经沉淀等简单处理后，可用于冲洗输送粉煤灰或经较复杂的处理程序后用于卫生冲刷及市政清扫等。

我国工业节水领域的节水目标是到 2030 年将上述指标减至 $40m^3$。综上，推进工业节水，需增大工业节水改造力度，推广高效冷却、洗涤等节水工艺和技术，促进高耗水企业加强废水深度处理和达标再利用。

4.2.2.3 发展高效节水工艺和技术

发展节水技术对促进节能、清洁生产、减少污水排放保护水源和发展循环经济有重大作用。工业节水技术是指可提高工业用水效率和效益、减少水损失、可替代常规水资源等的技术，它包括直接节水技术和间接节水技术。直接节水技术是指直接节约用水，减少水资源消耗的技术。间接节水技术是指本身不消耗水资源或者不用水，但能促使降低水资源消耗的技术。技术往往是相关联的，大多数节水技术也是节能技术、清洁生产技术、环保技术、循环经济技术。

4.2.3 城镇节水

推进节水型城市建设，落实各项节水基础管理制度，强化节水器具的使用，深入开展企业、社区、机关、学校等公共领域节水，推进节水型公共单位建设，严控高耗水服务业用水。在缺水地区加强非常规水利用，推动非常规水纳入水资源统一配置，积极开展再生水的综合利用，推动污水处理厂尾水深度处理后用于生态补水、市政用水等。加强城镇供水系统运行监督管理，推进供水管网分区计量管理。

4.2.3.1 强化节水器具的使用

节水型生活用水器具是指比同类常规产品能减少流量或用水量，提高用水效率、体现节水技术的器件、用具。

可以通过对现有用水设施进行节水改造，如安装延时自闭式水龙头、雾化节水龙头、虹吸式坐便器、节水型马桶、喷雾式节水淋浴喷头、红外感应淋浴器、节水型洗碗机和洗衣机等节水器具来减少耗水量。

4.2.3.2 推进节水型公共单位建设

为深入贯彻落实《国家节水行动方案》，发挥公共机构的示范带头作用，加快节水型单位建设，2019 年国家机关事务管理局会同国家发展改革委、水利部研究编制了《公共机构节水管理规范》。为公共机构提高其用水效率、发挥引领示范等节水工作提供了指导。为更好发挥引领示范作用，2020 年 5 月联合印发《公共机构水效领跑者引领行动实施方案》，在公共机构节水型单位建设工作的基础上，开展公共机构水效领跑者引领行动。相关单位要符合水计量、节水器具普及率和漏失率等技术标准要求和规章制度、节水文化等管理要求，经过申报、推荐、审核、公示与发布等流程进行评选后，授予"公共机构水效领跑者"称号（如湖南韶山灌区被确定为灌区水效领跑者）。通过已建成的节水型单位和水效领跑者，带动各级各类公共机构加强节水管理和技术改造，引导全社会提高节水意识，为建设资源节约型、环境友好型社会做出贡献。

4.2.3.3 加强非常规水资源利用

非常规水资源领域主要为中水、雨水和海水淡化。利用方向为冲厕、绿化、道路浇洒、洗车及景观用等。

（1）中水。中水也称为再生水，是指废水或雨水经适当处理后，达到一定的水质指标，满足某种使用要求，可以进行有益使用的非饮用水。和海水淡化、跨流域调水相比，再生水成本低，污水再生利用有助于改善生态环境，实现水生态的良性循环。

（2）雨水资源化利用。雨水资源化利用主要分为渗透利用及集蓄利用两大类。通过构建渗透性路面、渗透性停车场及下沉式绿地、植草沟，改善下垫面性质，增加截留的雨水量补充地下水源，消纳雨水径流；通过集蓄利用设施布局，将雨水利用于道路浇洒、绿地灌溉等。雨水渗透和蓄积利用措施如图 4.9 所示。

（3）海水淡化。我国海水淡化产水成本在 5~8 元/t，相比自来水价仍偏高。加大中央及地方政府投入，支持区域海水淡化保障等公益类海水（苦咸水）淡化民生工程以及输水管网建设；支持海水淡化装备研发制造；鼓励沿海地方政府对海水淡化水的生产运营企业给予适当补贴；探索实行政府和社会资本合作（PPP）模式等。在海水淡化领域，加快推进海水淡化反渗透膜材料及元件等核心部件和关键设备的研发应用，开展新型海水淡化关键技术研究。

4.2.4 全民节水

加强教育和大众宣传，营造良好的节水环境和氛围。开展形式多样的主题宣传活动，向全民普及节水知识，增加全民节水参与度，提高全民节水意识。强化社会监督，推进城市、企业和社团间的节水合作与交流。

4.2.4.1 加强节水宣传力度

节水要从观念、意识、措施等各方面把节水放在优先位置。要加强节水宣传教育，发挥

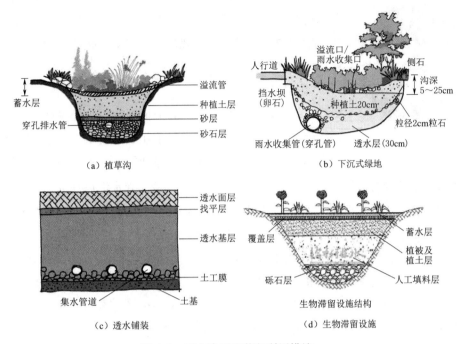

图 4.9　雨水渗透和蓄积利用措施

高校教书育人的主渠道作用，积极推进节水教育进校园、进课堂，将节水教育融入德育教育内容。学校可以根据不同教育层次进行适合的宣传教育活动。可编写有特色、实用性强、有推广价值的普适性节水教材和课外读本。开设包含节水相关内容的特色水文化课程。

充分利用广播、电视、报纸、公众号、视频号等融媒体进行节水公益宣传和推广，营造良好的节水环境和氛围。

4.2.4.2　丰富节水宣传形式

学校可以利用学校宣传栏、班级黑板。有条件的机构可建设节水数字展厅或专门的节水展示体验厅、互动 AI 机器人等，开展用水器具对照展示和植草沟、下沉绿地、处理设施等海绵理念展示，让观众直观感受节水效果，达到节水宣传科学性、知识性、趣味性的目的。在常规"世界水日""中国水周""世界环境日"宣传活动的基础上，根据实际情况，开展节水主题方面的手抄报、班会、演讲、征文、知识竞赛、辩论赛，组织开展志愿骑行、夏令营、社会实践、志愿服务等活动，广泛号召社会组织和志愿者参与到节水行动中来，提升广大市民的节水意识。

4.2.4.3　提高节水观念意识，培养节水习惯

一直以来，大多数人都有一种错觉，认为水资源是取之不尽、用之不竭的，其实不过是因为水的循环给了我们一种水资源循环不止、生生不息的感觉。实际上，我们在每一阶段对水的消耗量不可能大于它的自然补给量。由于对水的基础知识和水资源状况不

图 4.10　国家节水标志

了解，甚至有误解，许多工厂和企业的个人节水意识淡薄，再加上水价便宜，认为多用点水花不了太多钱，使得我国在生产、消费、生活中的水资源浪费现象非常严重。必须要加强节水观念的宣传，提高公众的节水意识。

"国家节水标志"由水滴、人手和地球变形而成，如图 4.10 所示。绿色的圆形代表地球，象征节约用水是保护地球生态的重要措施。标志留白部分像一只手托起一滴水，手是拼音字母"js"的变形，寓意节水，表示节水需要公众参与，鼓励人们从我做起，人人动手节约每一滴水；手又像一条蜿蜒的河流，象征滴水汇成江河。

我国人均水资源量严重低于世界平均水平，属于缺水国家之列，我国很多城市也面临着严重的缺水，但人们生活和生产方式中的水资源浪费现象却处处可见，这两者之间是存在矛盾的。我们必须面对人均很少的水资源量与浪费成性的生活习惯之间的矛盾，也要正视生活生产对水量增长的需求和日益恶化的总体环境之间的落差。要解决这些问题，我们必须清醒地面对这些现实，认真反省长久以来的生活习惯和发展方式。

水不是取之不尽、用之不竭的，珍惜水资源刻不容缓，节水推广活动也不能仅仅停留在喊口号，简单宣传传播的层面。据不完全调查，很多人生活中都知道要"一水多用"，如洗菜水浇花，洗手水拖地、冲马桶，淘米水洗菜等，但真正做到的人很少，因为觉得"多此一举"麻烦；现在人们生活水平普遍提高了，支付水费基本不会成为负担，因此也产生了更多的水资源浪费；还有很多会议桌上的"半瓶水"被"遗弃"，等等。节水可以从点滴做起，自觉养成计划用水、节约用水、重复用水的良好习惯。缩短用水时间，随手关闭水龙头，做到人走水停；做到一水多用，厨房节约一盆水、浴室节约一缸水、洗衣节约一桶水，这些都是可以通过人为主观意识和行动节约水的举手之劳，所以节水宣传推广活动需要更深入地传播到每个人的观念中去，根植在人们心中，把节水当成习惯，把节水看待成值得尊重和歌颂的美德，形成像穿衣吃饭一样的习惯，潜意识里自发主动的珍视水、爱惜水、保护水。

水资源是有限的，节约用水就是保护生态，保护水源就是保护家园。整个社会人人都需要自觉肩负节水、护水责任，争当节水、护水的示范者和推动者，争做节水、护水的组织者和监督者；从自己做起，积极带头遵守节约用水、保护水环境规定，并用实际行动带动和影响身边的人，共同努力做节水的践行者，共同努力在全社会形成人人节水、爱水护水的良好风尚和自觉行动。

拓展阅读

缺水类型分为以下几种：

（1）资源性缺水。资源性缺水是指当地水资源总量少，不能适应经济发展的需要，造成的供水紧张。如我国的黄河流域、海河流域、河西走廊等地人均水资源量低于 500m³/人，这些地方的缺水多属于资源性缺水。

（2）工程性缺水。工程性缺水是指特殊的地理和地质环境存不住水，缺乏水利设施留不住水。如云南省著名的三江（金沙江、澜沧江、怒江）并流地区，滔滔江水奔流不息，但是附近的居民却缺少生活用水和生产用水，原来是因为居民区、耕地等用水区域与江面的高差大，附近又地形陡峻，修建供水工程的难度大。还有贵州省虽然年均降水量在 1000mm 以上，但由于特殊的地质地貌类型，石灰岩喀斯特地貌较为发育，而石灰岩容易被溶蚀形成空隙、暗河，使得修建水库难以找到合适的坝址，很多地方只能看着水流入地下，无法蓄集，在旱季又要忍受缺水之苦。这些都是典型的工程性缺水。

（3）水质性缺水。水质性缺水是指有可利用的水资源，但这些水资源由于受到各种污染，致使水质恶化不能使用而缺水的现象。如 2007 年无锡市因太湖蓝藻暴发引起自来水水质变化，伴有恶臭难闻气味，无法正常饮用和使用。当时无锡常住人口 600 万人，一夜之间没了自来水。尽管政府采取了应急预案，但无锡市每桶纯净水的价格还是从 8 元涨到了 50 元，超市各类水和饮料都被抢购一空。

水质性缺水往往发生在丰水区，是沿海经济发达地区共同面临的难题。以珠江三角洲为例，尽管水量丰富，但由于河道水体受污染、冬春枯水期又受咸潮影响，导致清洁水源严重不足。世界上许多人口大国如中国、印度、巴基斯坦、墨西哥、中东和北非的一些国家都不同程度地存在着水质性缺水的问题。

（4）管理性缺水。管理性缺水是指因为配置不当、效率低而造成的缺水，包括：空间调配不当，有的地区浪费水，有的地方喝不上水；时间调度不当，水多时浪费，水少时不够用；产业配置不当，高用水、高耗水产业被错误的布局在缺水地区，加剧了缺水地区的用水矛盾。这些都属于管理粗放、浪费或利用效率低造成的缺水。

4.3　防洪安全保障体系

建立防洪安全体系，要尊重自然规律、经济规律、社会规律，正确处理好人与水的关系。推进流域水系治理，科学合理调度，严格河道、湖泊、水库、蓄滞洪区等行蓄洪空间管控，统筹协调经济社会发展空间与洪水活动空间，提升行蓄洪能力；强化河道治理工程建设；实施病险水库水闸除险加固，新增和恢复防洪库容；加快城市防洪排涝能力建设；开展山洪灾害防治，强化水旱灾害风险管理，妥善应对水旱灾害风险，防抗救相结合，最大程度预防和减少灾害损失。

4.3.1 强化河道治理工程建设

坚持因地制宜，采取加高加固和新建堤防、河道疏浚、河势控制、护岸护坡、堤顶防汛道路建设等各种措施，突出重点河段、重点区域，推动实施河道防洪治理，加强防洪减灾工程建设。

每年一到汛期，我国南北方江河湖泊多会出现超警戒水位险情，防汛救灾任务十分艰巨。2019 年，我国长江、黄河、淮河、珠江、松辽、太湖等六大流域的 9 条主要江河共发生 14 次编号洪水。江河洪水是一种自然现象，而江河洪灾则是由于人类在开发江河冲积平原的过程中，进入洪泛的高风险区而产生的问题。我国江河洪水形成的主要原因是夏季的季风暴雨和沿海的风暴潮。在气候异常年份，某些江河流域出现多次大暴雨甚至特大暴雨，形成这些江河的大洪水以至特大洪水。在历史上，我国人民为了开发江河中下游的广大冲积平原，不断修筑堤防与水争地，从而缩小了洪水宣泄和调蓄的空间，当洪水来量超过人们给予江河的蓄泄能力时，堤防溃决，形成洪灾。2008—2018 年全国因洪涝受灾人口统计如图 4.11 所示。

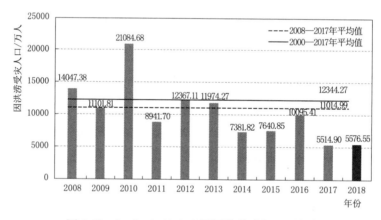

图 4.11　2008—2018 年全国因洪涝受灾人口统计

4.3.2 强化病险水库水闸除险加固工程建设

加强防洪减灾工程建设，通过推进防洪控制性枢纽建设，提升流域重要防洪节点的洪水调控能力、实施病险水库水闸除险加固等，新增和恢复防洪库容，增强流域干支流洪水调蓄能力。

4.3.2.1 完善防洪抗旱工程保障

结合流域规划建设任务，加强防洪减灾工程建设，加快构建以水库、河道和蓄滞洪区为架构的防洪减灾工程体系，结合当地水系水情，建设防洪控制性水库。提升重要防洪节点的洪水调控能力；以及以沿海海堤、河口海堤和防潮排涝建筑物为重点的沿海防潮工程体系。

4.3.2.2　实施病险水库水闸除险加固

加强水库水闸安全运行管理。定期开展水库水闸隐患风险排查和安全鉴定，及时除险加固，保障自身安全，提升调蓄能力。加快完成列入国家实施方案的病险水库除险加固任务，消除存量隐患。有序完成已到安全鉴定期限水库的安全鉴定任务，对病险程度较高、防洪任务较重的水库，抓紧实施除险加固，完成以往已实施除险加固的小型水库遗留问题的处理。继续完成经鉴定后新增病险水库的除险加固任务，对每年按期开展安全鉴定后新增的病险水库，及时实施除险加固。加强水库运行观测，对存在安全隐患的病险水库，及时开展安全鉴定，科学组织论证，确有必要的尽快实施除险加固，不具备条件的予以废弃。健全水库运行管护长效机制，探索实行小型水库专业化管护模式，实现水库安全良性运行。

4.3.3　加快城市防洪建设，提高行洪蓄洪能力

完善城市防洪保障工程，合理布局雨水蓄渗空间，对接海绵城市建设，完善城市地下排水管网管廊，加强城市河湖水系连通和河道清淤整治，提升城市治涝能力。城市新区建设应根据洪水风险区划、河湖空间管控要求合理选址，避让洪水高风险区域，并同步建设防洪治涝工程。

4.3.3.1　加快城市防洪排涝能力建设

创新蓄排空间利用形式。协同海绵城市建设、水土保持、湿地保护等措施，提升下垫面空间涵养水源能力。

如湖南省，对洞庭湖流域受灾频发、涝灾影响人口多、经济损失大、影响国家粮食安全、治理需求迫切的重点易涝区进行系统治理，加强洞庭湖区排涝能力薄弱环节建设，采取排涝闸泵新建和更新改造、撇洪排涝河道整治、内湖渍堤加固等措施，完善洞庭湖区"撇洪、闸排、滞涝、电排"相结合的治涝工程体系，进一步提升涝区排涝能力，降低内涝风险。

4.3.3.2　提升行洪蓄洪能力

江河的各类分蓄行洪区，是防洪减灾工作体系的必要组成部分。我国江河冲积平原的土地资源已经过度开发，根据技术和经济的可行性，现在的防洪工程只能达到一定标准（防御常遇洪水或较大洪水），必须安排各类分蓄行洪区作为辅助措施，才能达到规划的防洪标准和处理超标准的洪水。

严格管控行洪蓄洪空间，降低人类活动对防洪安全的不利影响。整治、管控影响防洪行为。持续整治河湖乱占、乱采、乱建、乱堆等突出问题，严厉打击各类非法侵占河湖、影响行洪的行为。

《中华人民共和国水法》《中华人民共和国河道管理条例》均明确规定：在行洪、排涝

河道和航道范围内开采砂石，必须报经河道主管部门批准，按照批准的范围和作业方式开采；河道堤防一般不兼作公路使用，在晴天或堤顶干燥时允许沿岸群众从事生产、生活的小型车辆通行，禁止履带式机动车辆及大型载重车辆通行。但仍会有一些非法违规采砂现象发生，如在禁止采砂的滩地，或者禁止采砂的汛期进行开采。

合理增加行洪蓄洪空间，提高行洪蓄洪能力，可实施水系连通、库塘清淤整修等系统措施，恢复扩大河道过流能力、湖泊面积和蓄洪容积。合理布局防洪水库，增加洪水拦蓄能力，减轻防洪压力，对接城市建设，适度扩大城区调蓄与治涝能力。

4.3.4 强化山洪灾害防治

加快实施列入国家防汛抗旱提升实施方案的重点山洪沟防洪治理项目，进一步提升山洪灾害监测预警能力，优化自动监测站网布局，山洪地质灾害易发区，要重点加强山洪地质灾害防治和监测预警预报。扩大预警预报信息覆盖面，加强监测预警平台集约化应用。指导开展群测群防体系建设，基层防汛人员培训和县乡救生设备配置，建成以监测、通信、预报、预警等非工程措施为主，非工程措施与工程措施相结合的防灾减灾体系，提高基层防汛监测预警能力，减轻山洪灾害损失。

4.3.5 强化水旱灾害风险管理

坚持以防为主、防抗救相结合，加强防汛抗旱组织指挥体系建设，由市县逐步延伸到所有乡镇和重点水利工程。严格落实防汛抗旱行政首长负责制、安全度汛责任制、防汛抗旱督查及考核、责任追究制度。加强防汛抗旱应急能力建设，强化预报、预警、预演、预案，完善省级防汛抗旱物资储备体系。加强防汛抗旱服务设施建设与设备配置，提升防汛抗旱管理能力，妥善应对水旱灾害风险，最大程度预防和减少灾害损失。

4.3.5.1 完善防御制度体系

科学制定防御超标准洪水、雨水旱情预警、水利工程应急处置等灾害防御工作应急预案，针对可能出现的超标准洪水，及由此引发的工程失事和变化的流域情况，应开展对应的预案研究并制定防御超标准洪水预案，提出灾前、灾中、灾后阶段可行性的减灾对策。动态修编水旱预案、流域性洪水调度方案、超标准洪水防御方案等；结合水情开展流域防洪规划修编。

4.3.5.2 提升调度预警能力

建设水文气象监测站网，匹配分析流域内主要支流不利洪水组合情况，建立流域洪水精准预报和水利工程动态调度模型，着力强化短期洪水精准预报预警能力。统筹流域水库、河道湖泊、蓄滞洪区的调蓄能力，充分挖掘工程体系防洪供水潜力，实时掌控预判区域水资源储备及用水状况，做好各类水工程联合调度。

4.3.5.3　加强风险管理

完善流域防洪调度决策辅助系统，强化水旱灾害风险识别，深入开展水旱灾害风险普查和隐患调查，摸清底数，建立清单。开展洪水风险区划，确定洪水风险区和风险等级，实施分类管理。健全蓄洪运用机制，探索蓄滞洪区空间利用新模式，完善蓄洪运用补偿和生态补偿机制。

4.3.5.4　提升应急处置能力

加强防灾减灾知识宣传和科普教育，加强洪水风险图成果工种应用，开展防灾减灾知识宣传和科普教育，提升公众防洪应急能力，强化全民防灾意识。加强应急队伍现代化建设，运用新手段、新技术、新装备，武装专业应急救援队伍力量，精准部署、协调联动，提升专业应急处置能力。采取措施增强应急反应及灾后重建能力。加强防洪预案演练，增强居民应急避险和自救互救能力，鼓励公众有序参与抗洪抢险，强化社会抗洪应急合力。

拓展阅读

洪水来到时如何自救？

（1）受到洪水威胁，如果时间充裕，应按照预定路线，有组织地向山坡、高地等处转移；在措手不及，已经受到洪水包围的情况下，要尽可能利用船只、木排、门板、木床等，做水上转移。

（2）洪水来得太快，已经来不及转移时，要立即爬上屋顶、楼房高层、大树、高墙，暂时避险等待援救，不要单身游水转移。

（3）在山区，如果连降大雨，容易暴发山洪。遇到这种情况，应该注意避免渡河，以防止被山洪冲走，还要注意防止山体滑坡、滚石、泥石流的伤害。

（4）发现高压线铁塔倾倒、电线低垂或断折；要远离避险，不可触摸或接近，防止触电。

（5）洪水过后，要服用预防流行病的药物，做好卫生防疫工作，避免发生传染病。

4.4　统筹优化水资源配置

坚持节水优先、量水而行、需求导向，以各地对水资源的实际需求，进一步谋划省（直辖市或自治区）水资源配置格局，挖掘现状水源潜力，新建重点水源工程，完善水源网点工程布局，缓解供需紧张地区水资源矛盾；推进城乡供水工程建设，以打通骨干输配水通道为重点，增强区域优质水源调剂互补能力，巩固提升农村供水工程标准；加快推进城乡供水工程建设和灌区现代化，落实国家粮食安全战略，全面提升供水安全保障能力。

4.4.1 加强水源供给保障

4.4.1.1 加快推进重点水源工程建设

围绕省（直辖市或自治区）经济社会发展，挖掘现状水源潜力，新建重点水源工程，加快推进骨干水网工程、水库等重点水源工程建设，提升重点城市供水保障能力，实施可持续的跨流域水资源调节，完善水源网点工程布局，缓解水资源紧缺区、干旱易发区、粮食主产区水资源矛盾。图 4.12 所示为国家重大水利工程。

（a）湖南郴州市宜章县莽水水库　　（b）建设中的渝西水资源配置工程西干线石家湾围堰戗堤

图 4.12　国家重大水利工程项目

4.4.1.2 强化饮用水源保护

我国很多城镇饮用水源受到污染，农村的饮用水安全更得不到保障。应加强对饮用水源地的保护，特别是为城市供水的水库和湖泊，尽快恢复受污染的水质。

动态调整饮用水水源地名录，科学划定集中式饮用水水源保护区。推进集中式饮用水水源保护区标志设置、隔离防护设施建设。严格污染控制，依法清理保护区内违法建筑、排污企业和各类养殖户等。

加强水污染治理，着重解决人为污染引起的水质问题，逐步稳妥推进涉重金属废渣、底泥、矿井涌水等污染治理。加强水源涵养，开展水源地汇水河流生态治理与保护，有条件的水源地实施封闭管理。结合城镇开发和新农村建设，鼓励引导水源保护区人口向城镇转移。

优化水源布局。聚焦人口与城镇布局，适应水资源供求态势，打破地域界限，构建以水库水源为主题的优质水源供给体系，发挥优质水源效益。依据各地地形地貌和流域水资源禀赋，结合城市发展规划，各片区进行水源布局，丰枯并济、多源联调。发挥好水库、湖泊的水源作用。

4.4.1.3 加强备用水源建设

现有水源工程功能调整和体质扩容。通过水源替代或等效补偿等措施优化调整一批已建水源工程的主要开发利用任务，对部分已建水源工程进行扩容增效，恢复、提升或新增供水能力。对水源地水质长期不达标，以及水质风险较高的河流型和地下水型水源地，实施水源置换，优先考虑优质水库型水源。提升水情预报精度，在保证水库安全度汛的前提下，动态制定大中型水库汛期运行水位，提高雨洪水资源利用水平。

4.4.2　推进城乡供水工程建设

4.4.2.1　加快农村饮水安全巩固提升工程建设

巩固维护好已建农村供水工程成果，推动农村供水规模化发展、标准化建设、规范化管理、市场化运行、企业化经营、用水户参与，提升农村供水标准和保障水平。有条件的地区，以县级行政区域为单元，利用区域优质水源配置和重点饮水水源工程，高标准推进城乡供水一体化，新建集中连片规模化供水工程，延伸连通城乡供水管网，推行市场专业化建管模式，逐步实现城乡饮水供给同网、同质、同服务，促进城乡联网供水、公共服务均等化。对县域范围内城乡供水一体化无法覆盖的区域，因地制宜建设小型集中供水工程和分散微小供水工程。推进水源保护区划定，加强水源地保护，完善水质净化处理措施，加强后备水源地建设，制定突发供水事件应急预案，保障农村饮水水质、水量安全。

农村饮水安全，是指农村居民能够及时、方便地获得足量、洁净、负担得起的生活饮用水。目前我国农村饮水安全普及率并不理想。造成农村饮用水不安全的主要原因有三个：干旱缺水、水源污染和饮水工程缺失。各地农村对水源保护的监管力度不够，也与农民对水源保护意识薄弱、对水源保护的技术水平偏低有关。农村水源地容易受到生活污水、化肥、农药、畜禽粪便、工业废水等污染。水源水质越来越差，出现了水质性缺水。

农村饮水安全包括水量、水质、用水方便程度和供水保证率四项评价指标。

（1）水量方面。根据丰水地区和缺水地区进行分类规定，丰水地区每人每天可获取的水量不低于 35L，缺水地区不低于 20L。

（2）水质方面。农村集中供水工程的用水户，要执行现行水质标准。对分散供水工程的用水户，要求饮用水中无肉眼可见杂质、无异色异味、用水户长期饮用无不良反应。

（3）用水方便程度方面。取水往返时间不超过 20 分钟，取水距离不超过 800 米，牧区可适当放宽。

（4）供水保证率方面。供水保证率要大于 90%，即一年 90% 以上的时间供水能得到保障。

4.4.2.2　构建骨干输配水通道，加快局域水网工程建设

构建骨干输配水通道，打通骨干输配水通道，增强区域优质水源调剂互补能力，巩固提升农村供水工程标准。根据骨干水网规划布局，指导各市建设库河连通工程，并加强与省级骨干水网的连接，构建布局合理、蓄泄兼筹、丰枯调剂、生态良好的省市县三

级水网工程体系，增强水资源联调联配能力。

4.4.2.3 持续完善供水管网系统

降低管网漏损，提高水资源利用率，对供水能力不足、净水工艺落后的供水工程和漏损严重的老旧管网进行升级改造。具备优质水源的地区，推进区域分质供水系统建设，条件成熟的新建住宅小区，实施小区雨水利用工程，开展管道分质供水系统建设。各地根据区域情况在省内和市州等中心城区的机场、地铁、医院、公园、景区等公共场所区域，布局直饮水设施。

解决农村水安全问题，要通过以大并小、小小联合、管网延伸等方式，扩大农村集中供水工程规模，并做好服务提升供水质量，逐步推进自来水入户。还要向群众宣传供水入户的好处，推动改变平时的用水习惯，通过双方共同努力打通农村饮水安全"最后一公里"。

同时，高寒地区是农村供水的短板，水源不稳定，来水量比较少，冬季供水管网容易冻。尽量寻找不受严寒影响的水源，如东北、西藏一些地区的井水对温度的影响相对小，对管网、水厂和水龙头也要加强防冻措施。通过综合措施，推广防冻新技术的应用，防止高寒地区农村供水出现问题，保障长期有效供水。

4.4.3 加快灌区现代化建设

4.4.3.1 实施已建灌区现代化改造

落实国家粮食安全战略，加快实施大中型灌区续建配套与现代化改造，打造"节水高效、设施完善、管理科学、生态良好"的现代化灌区，改造过程中，加强与高标准农田建设等项目有效衔接，统筹灌排骨干和田间工程建设。进一步提高大中型灌区用水保障程度。图 4.13 和图 4.14 所示为湖南省最大灌区和四川省都江堰灌区。

图 4.13　湖南省最大灌区——韶山　　　图 4.14　四川省都江堰灌区
灌区洋潭大坝

4.4.3.2 推进新建灌区工程建设

新建一批大中型灌区，按照灌排设施配套与水源工程同步、田间工程与骨干工程同步、农艺及生物措施与工程措施同步、管理设施与工程设施同步等要求，推进现代化新型灌区建设，充分发挥灌区工程整体效益。加大灌溉、节水、排涝等农业基础设施建设力度，助力高标准农田建设和节水农业发展。

拓展阅读

为持续提升农业灌溉用水效率和粮食综合生产能力，确保国家粮食安全，水利部、国家发展改革委于 2021 年 8 月 16 日印发了《"十四五"重大农业节水供水工程实施方案》，明确在"十四五"期间优先推进实施纳入国务院确定的 150 项重大水利工程建设范围的 30 处新建大型灌区，优选 124 处已建大型灌区实施续建配套和现代化改造，预计年增粮食生产能力 57 亿 kg，粮食总产量将达到约 800 亿 kg。

4.4.4 均衡配置生产用水

4.4.4.1 加强工业用水保障

加快推进产业转型升级。严格控制钢铁、化工等高耗水行业新增产能，通过科技和制度创新形成聚集高度，加强智能制造系统建设，促进绿色制造技术在装备制造业企业中的普及、应用和产业化。

现代工业用水系统庞大，用水环节多，工矿企业不但要大量用水，而且对供水水源、水压、水质、水温等有一定的要求。

按用水的作用分类，工业用水可以分为以下五类：

（1）生产用水。直接用于工业生产的水，称为生产用水。生产用水包括冷却水、工艺用水、锅炉用水。

（2）间接冷却水。在工业生产过程中，为保证生产设备能在正常温度下工作，用来吸收或转移生产设备的多余热量，所使用的冷却水（此冷却用水与被冷却介质之间由热交换器壁或设备隔开），称为间接冷却水。

（3）工艺用水。在工业生产中，用来制造、加工产品以及与制造、加工工艺过程有关的这部分用水，称为工艺用水。工艺用水包括产品用水、洗涤用水、直接冷却水和其他工艺用水。

（4）锅炉用水。为工艺或采暖、发电需要产汽的锅炉用水及锅炉水处理用水，统称为锅炉用水。锅炉用水包括锅炉给水、锅炉水处理用水。

（5）生活用水。厂区和车间内职工生活用水及其他用途的杂用水，统称为生活用水。

4.4.4.2 加强水运保障

（1）加强河道内外统筹。航运开发应紧密结合防洪、河势控制、疏浚、水系连通等治理，协同推进航道整治、航电枢纽和船闸建设，将流域综合开发与航道治理有机结合，充分发挥河流水资源综合效益。

加强枯水期应急调度和常态化联合调度,统筹河道内外用水需求,提高枯水期重点航段通航流量保障程度,促进内河通航安全和水运良性发展。

(2)优化航运港口布局。顺应国家水运发展新形势,落实水功能区划、生态保护红线等要求,合理利用和有效保护岸线资源、土地资源,确保港口规划、岸线利用与生态环境保护规划相协调,加强岸线资源集约化利用,促进港产城融合发展,加快港口建设和转型升级。

4.4.4.3 分区配置格局

(1)东北地区。水资源配置的重点保障目标是粮食安全、工业基地振兴、生态保护(如重点湿地)的修复维持。与此同时,东北地区水污染问题也比较严重,在水资源配置中需要考虑节水和水量调配对改善流域水环境的作用。

(2)海河流域。遵照"节水优先、空间均衡、系统治理、两手发力"的治水思路,充分考虑京津冀协同发展的战略部署,打造管理高效的京津冀一体化水网,挖掘非常规水资源潜力,包括微咸水、雨洪水、海水淡化水及再生水等非常规水资源的进一步挖掘利用,推动再生水用于农业灌溉以及城市、工业等领域,提高再生水利用率;完善黄河下游引黄工程体系,充分利用现有工程增加黄河水利用量。

(3)黄河流域。由于黄河水资源的日趋缺乏和开发利用的不当,生态环境已受到巨大影响,在局部地区地下水超采严重、水源污染和河道干涸断流等。部分灌区渠系老化失修、工程配套较差、灌水技术落后等现象,应进一步加大节水力度,强化流域水资源统一度和用水管理。黄河流域是资源型缺水地区,依赖自身水资源量难以解决流域的供需矛盾支撑黄河流域及相关地区经济社会的可持续发展,必须依靠引汉济渭、南水北调西线等流域调水工程。

(4)淮河流域。根据淮河流域水资源的承载能力,按照强化节水的用水模式,提高水资源循环利用水平,加强需水管理,抑制不合理用水,控制用水总量的过度增长,降低对水资源过度消耗制止对水资源的无序开发和过度开发;转变经济增长方式和用水方式,促进产业结构的调整和城镇、工业布局的优化。

(5)长江流域。长江流域上游地区现状水资源利用程度低,调蓄能力不强,供水能力较低,属于工程型缺水地区。应加大控制型骨干工程的建设,将水资源开发利用与水能资源开发有效结合,同时加强水源区水资源保护和水土涵养。中游地区水资源开发利用条件相对较好,工程体系较完备,主要水资源配置措施是通过对现有工程的挖掘、配套和改造提高供用水效率。对于长江中游洞庭湖、鄱阳湖广大平原地区,需要加大节水力度,保障农田灌溉和农村饮水的需求。以三峡和葛洲坝工程为中心,联合主要支流控制型工程,加强优化调度,协调防洪与供水以及发电航运的水量调控关系,协调南水北调和长江流域来水的丰枯补偿关系。下游地区水量丰沛,水资源配置应继续发展以引提水为主的本地水源利用，减少地下水开采，提高供水能力，以适应快速增长的经济发展需要。重点加大水环境保护和污染治理，将下游三角洲地区水网疏浚与水环境治理、供水工程建设相结合，重点满足下游地区重点城市和沿江经济带的供水需求。

（6）华南及西南地区包括珠江区、东南诸河区与西南诸河区三个水资源一级区。西南诸河区是我国重要的水电基地，在加速布局水电发展的同时，需要加强规划引导和全局统筹发展，增强水源调控能力，通过一系列大型水利工程的建设，提高水能、水资源的利用效率，形成向北方输水的工程条件。东南诸河区的主要水资源调控措施是增加对独流入海河流的调控能力，尤其是加强对闽江、钱塘江等主要河流的水量合理分配，突出解决海岛地区供水，实施必要的区域引调水工程，实现水资源合理调配。珠江区上游流域重点开展小型水利工程建设，实施滇中、黔中等跨流域引调水工程，解决与红河、长江流域接壤周边地区的缺水问题。中下游流域构建以西江龙滩及大藤峡、北江飞来峡等水库为骨干的水资源调配体系。实施引郁入钦、西水南调等工程，保障北部湾及粤西缺水地区用水需求。

（7）西北地区。水资源配置格局主要是协调生态用水与经济用水的平衡关系，严格保障基本生态用水，防止水资源过度开发引起各类次生环境生态灾害。对于经济用水，主要通过实施需水管理，强化需求侧管理，采取严格的节水措施控制水资源需求增长，严格以水定产。在水源供给方面，优先规划建设再生水利用等非常规水资源工程，慎重论证决策建设重点跨流域调水工程，缓解目前水资源超载地区的合理用水，并退还目前经济用水挤占的河道生态水量。通过优化配置区域水资源，满足经济发展和生态环境保护对水资源的需求。

4.4.5　地下水安全保障

加快实施水源工程地下改地表，提升或新增供水能力，逐步推进地下水源替代工程。对地下水长期不达标的水源点，加快推进水源置换；加强地下水涵养与保护，通过增加植被覆盖度，减少城市地面硬化率，促使大气降水补给地下水，发挥地下含水层的调蓄功能，增加地下水补给量，推进地下水超采区治理与修复；严格控制地下水开采总量，严格浅层地下水开发利用，防止新增浅层地下水超采，维持地下水的采补平衡；做好超采区机井管理，规范封存备用井、废弃机井的取水许可管理及日常监管。

4.5　河湖水生态健康保障体系

我国非常重视修复生态系统，早在1998年开始，就执行了"退耕还林、退牧还草、退渔还湖"政策。近些年来特别注重水生态系统的保护和修护，2000年8月，在青海南部和西藏北部建立三江源（长江、黄河、澜沧江）自然保护区；2009年开始，我国已经连续十多年进行大规模的生态补水，专门用于修复水生态系统，这对生态脆弱的地区来说至关重要，目前仍有一些地区亟须修复，水生态修复也是一项需要持之以恒的措施。

坚持"山水林田湖草"是一个生命共同体，树立"绿水青山就是金山银山"的理念，"像保护眼睛一样保护生态环境，像对待生命一样对待生态环境"，推动形成绿色发展方式和生活方式，科学管控河湖生态空间，守护好祖国的山川河湖。

4.5.1 科学划定河湖生态空间

4.5.1.1 合理配置经济和生态用水

世界自然基金组织有一个系列公益广告，其中一句广告语是"大自然不需要人类，但人类需要大自然"。水资源天然存在，但并不能全部供给人类，全部用于生产和生活。为了保护生态环境，保证可持续发展，大部分水资源是必须留给大自然本身的，用于维持自然生态系统。天然河流、湖泊、沼泽都需要水，以及依赖其水源生存的植被等都需要消耗一定数量的水资源。

为保护天然河流、湖泊、沼泽及其相关生态系统的结构和功能所要求的标准，所需要的水量称为河道内天然生态需水。天然生态需水指的是需要地表、地下水供给的那一部分，而不包括降水直接供给的水量。

人类经济社会发展可耗用的水资源只是从总水资源中扣除生态需水之后的部分。即：

$$水资源总量＝天然生态蓄水＋人类可耗用量$$

为维护经济社会与生态环境的和谐发展，减少人类对水生态系统的干扰，维持生态功能区生物多样性和生态平衡可持续发展，需要从根本上落实"最严格水资源管理制度"，建立生态基本用水保障制度，因地制宜地开发利用非常规水源，严格控制入河排污，促进水功能区水质达标。

强化国土空间规划对各专项规划的指导约束作用，增强水电、航道、港口、采砂、取水、排污、岸线利用等各类规划的协同性，加强对水域开发利用的规范管理，严格限制并努力降低不利影响。涉及水生生物栖息地的规划和项目应依法开展环境影响评价，强化水生态系统整体性保护，严格控制开发强度，统筹处理好开发建设与水生生物保护的关系

4.5.1.2 强化河湖生态空间管控

良好的水生态空间（如河湖水域、岸线等）可为河湖生态水文过程提供场所，是维持河湖生态系统完整性的重要条件。应减少挤占河道、围垦湖泊、破坏岸线、非法采砂等河湖空间无序占用问题，严格水生态空间管控，实行清理整治和占用退出，塑造健康自然的河湖水体与岸线。统筹考虑河湖的水源涵养、保持水土、防风固沙、调蓄洪涝、岸线保护、保护生物多样性、河口稳定等方面综合功能要求。

生态环境建设和水资源保护利用是一种互相依存的关系，在植被建设中，应当根据

当地天然的生态环境条件，构建乔灌草多元化的立体配置。植被包括森林、灌丛、草地、荒漠植被、湿地植被等各种类型，是生态环境的重要组成部分。它对水资源的有利作用表现在：可以涵蓄水分，调节地表径流，控制土壤侵蚀，保护水质，改善流域水环境。森林、灌丛、草地三种植被的水文功能大小取决于各种植被的具体种类、结构及生长情况。三种植被中，以山丘区森林植被的水文调节功能最大，但另一方面，森林植被蒸散需要消耗的水量也相对较大，特别在干旱地区（不包括干旱地区中的高山森林），随着森林覆盖率的增加，流域产水量的减少比较明显。

4.5.2　维护河湖生态系统健康

4.5.2.1　强化水生态系统保护

注重生态要素，建立统筹水资源、水生态、水环境的规划指标体系，实现"有河要有水，有水要有鱼，有鱼要有草，下河能游泳"的目标要求，通过努力让断流的河流逐步恢复生态流量，生态功能遭到破坏的河湖逐步恢复水生动植物，形成良好的生态系统。对群众身边的一些水体，进一步改善水环境质量，满足群众的景观、休闲、垂钓、游泳等亲水要求。

在下一阶段的河湖水环境治理工作中，要把以往受制于区域分割的局面，以及规划项目与环境改善目标脱钩、盲目上项目的情况，转变为围绕具体河流先研究问题，提出目标并分析评估，按照轻重缓急，上下游配合，左右岸联手，有序采取针对性措施，对症施策、精准治污，实现生态环境质量改善的目标。在水环境改善的基础上，更加注重水生态保护修复，注重"人水和谐"，让群众拥有更多生态环境获得感和幸福感。

生态环境建设对水资源保护利用起了有利的作用，同时，它也要消耗一定的水量。保障生态环境需水，有助于流域水循环的可再生性维持，是实现水资源可持续利用的重要基础。

4.5.2.2　保障水生生物多样性

我国的大江大河出现淡水生物多样性下降的现象。淡水生物多样性通常可以从大宗水产品的渔获量和旗舰物种的种类、数量中反映出来。

提升水生生物多样性保护水平，可针对不同物种的濒危程度，制定保护规划，开展珍稀濒危物种人工繁育和种群恢复工程。推进水产健康养殖，加快编制养殖水域滩涂规划，依法开展规划环评，科学划定禁止养殖区、限制养殖区和允许养殖区。加强水产养殖科学技术研究与创新，推广成熟的生态增养殖、循环水养殖、稻渔综合种养等生态健康养殖模式，推进养殖尾水治理。加强全价人工配合饲料推广，逐步减少冰鲜鱼直接投喂，发展不投饵滤食性、草食性鱼类养殖，实现以鱼控草、以鱼抑藻、以鱼净水，修复水生生态环境。加强水产养殖环境管理和风险防控，减少鱼病发生与传播，防止外来物种养殖逃逸造成开放水域种质资源污染。推进重点水域禁捕。科学划定禁捕、限捕区域。

加快建立长江等流域重点水域禁捕补偿制度，统筹推进渔民上岸安居、精准扶贫等方面政策落实，通过资金奖补、就业扶持、社会保障等措施，健全河流湖泊休养生息制度，在长江干流和重要支流等重点水域逐步实行合理期限内禁捕的禁渔期制度。

长江上游是我国生物多样性最丰富的地区之一。当前国家正在进行西部大开发，包括长江上游在内的西部地区丰富的水电资源将被逐步进行开发和利用。因此，应该把三峡工程对生物多样性的保护工作，与整个长江上游梯级开发规划一起进行综合研究。在科学评价不同河段或支流及其汇水区的水力资源开发价值和生物多样性价值的基础上，对开发和保护问题进行综合规划，统筹安排，开发和保护并重，以保障长江上游地区经济的可持续发展，生物多样性得到有效保护。

拓展阅读

渔获量和旗舰物种

渔获量是指在渔业生产过程中，人类于天然水域中获得的具有经济价值的水生生物的质量或重量。

旗舰物种（flagship species），指某个物种对社会生态保护力量具有特殊的号召力和吸引力，可促进社会对物种保护的关注，是地区生态维护的代表物种。这类物种的存亡一般对保持生态过程或食物链的完整性和连续性无严重的影响，但其魅力（外貌或其他特征）赢得了人们的喜爱和关注，如大熊猫、白鳍豚、金丝猴等，这类动物的保护易得到更多的资金从而保护了大规模的生态系统。

4.5.3 严格控制入河排污总量，强化水环境监测

我国近些年来大江大河干流水质稳步改善，但部分流域的支流污染严重。应坚持以河长制湖长制为主导，以水功能区为基础，针对不同流域、区域河湖特点，统筹陆域与水域干支流、上下游、左右岸、城镇乡村，推进"山水林田湖草"水污染的系统防治，实施河湖清洁行动。还应当注重社会供水、自然水循环的良性修复、流域水管理体制与保障等过程的管理，以实现流域自然系统与社会经济系统的和谐统一。

4.5.3.1 加强污染源头防控

落实水功能区限制纳污红线管理，严格控制入河湖排污总量。强化源头减排，降低入河湖污染负荷。充分考虑水资源承载能力和环境容量，确定发展布局、结构和规模；强化过程控制，构筑河湖污染的拦截防线。如加强城镇雨污分流和污水收集管的配套建设，提高污水收集率。优化城乡污水处理设施布局，提升城乡污水处理能力，提高污水处理的排放标准。

4.5.3.2 全面提升水环境质量

全面提升水环境质量可从以下两方面着手发力：

1. 提高人类活动地区的水污染排放标准

我国水污染排放标准有《污水综合排放标准》（GB 8978—1996）和《城市污水处理厂污染物排放标准》（GB 18918—2002），实行分级分类管理。这两项排放标准与《地表水环境质量标准》（GB 3838—2002）未实现对接，对于强人类活动影响下的缺水地区，水环境容量十分有限，导致即使所有污染源都实现达标排放依然不能满足水域环境质量的要求，需要制定比国家标准更为严格的地方标准。对于流域污染物排放量远超过水体纳污能力的区域，可推广太湖流域的经验，制定比国家标准更为严格的标准，包括工业企业废水排放标准、城镇污水处理厂排放标准以及面源污染防治标准等。

2. 有效防范水环境风险

严控重点污染物排放总量。加强非常规污染物的防控。提高突发性水污染预警与应急能力。从传统的"事后应急处理"向"全过程风险管理"转变，预防突发性水污染风险。

4.5.4 建设生态宜居水美乡村

按照实施乡村振兴战略的要求，以开展农村水系综合整治、加强农村水污染治理、发展乡村水美经济为重点，大力推进生态宜居乡村发展，打造格局特色的生态宜居美丽村庄，传承乡村文化，留住乡愁记忆。

4.5.4.1 开展农村水系综合整治

针对农村水系存在的淤塞萎缩、水污染严重、水生态恶化等突出问题，立足乡村河流特点和保护发展需要，以县域为单元、河流为脉络、村庄为节点，通过清淤疏浚、岸坡整治、水系连通、水源涵养与水土保持等多种措施，集中连片推进，水与岸线并治。结合村庄建设和产业发展，开展农村水系综合整治，不断增强人民群众的获得感、幸福感、安全感。

4.5.4.2 加强农村水污染治理

农村水污染具有来源面广、较分散、难收集的特点，排放水质及水量波动大，有机物、氨氮和磷等营养物含量高。应考虑当地的自然环境，辩证地选择适合的工艺。在保证出水水质的情况下，尽量选择能耗小、运维便宜的工艺（在四季光照充足或风量较大的地区可以考虑光伏和风能发电为设备运行提供能源），减少当地政府的运维负担。对于不便于铺设管道的地区，可利用分散式一家一站或几家一站的模式进行生活污水处理。对于便于铺设管网的区域，可实现建设中小型污水处理站进行污水处理，或并入现有污水处理厂。

4.5.4.3 发展乡村水美经济

把水与村庄紧密结合起来，实施农田林网工程，形成以水系为脉、田园为底、林带成网的生态网络。大力经营河湖资源，实施小水电生态景观化改造。发展生态农业、旅游等水美经济，切实转向生态化的生活、生产方式，提供优良水生态产品，为农村产业兴旺、农民生活富裕增添新动能。

4.5.5 加强水土保持生态治理

4.5.5.1 重视生态清洁小流域治理

水土保持是削减洪水流量、缓解水资源供需矛盾的措施之一，是通过综合措施，充分拦蓄和利用降水资源，控制土壤侵蚀，改善生态环境，发展农业生产的一项综合治理性质的生态环境工程。应重视小流域综合治理，加强生产建设项目施工区监管，提高水土保持监测力度，从上游山区、平原区农村及城市区三个方面考虑水土流失的防治和施工期的科学管理。进行水土保持的综合治理，在陡坡退耕还林还草的同时，仍要继续加强沟壑治理和基本农田建设等工程措施，并发展蓄集雨水的抗旱补灌，解决人畜饮水困难。开展水土保持监测评价。充分运用高新技术手段开展水土流失动态监测及分析评价，实现年度水土流失动态监测全覆盖和人为水土流失监管全覆盖。图 4.15 所示为坡耕地治理措施，图 4.16 所示为封育治理措施。

图 4.15 湖南省怀化市坡耕地水土
流失综合治理工程

图 4.16 福建省上杭县封育治理工程

拓展阅读

水土保持对保持土壤的作用

在土厚易蚀的黄土高原，一般小流域经综合治理后，侵蚀模数可从 10000～20000 t/km² 降到 3000～5000 t/km² 的水平，如果治理措施得当而且治理年限足够长，把侵蚀模数降到 1000 t/km² 的安全水平是有可能的。对黄河干流，据统计分析，因水土保持而减少的入黄泥沙年均约 3 亿 t。在长江流域、中小流域的综合治理效果也很明显。

植被可以减少降雨对土壤的侵蚀作用，同时具有提高土壤入渗能力、改善土壤径流情况和提高土体蓄水能力的作用，水土保持工程可以有效地减少进入江河的泥沙。水土保持也需消耗水量，这种消耗对湿润地区的影响不大，对干旱与半干旱地区的影响较显著。应当明确，水土保持的首要作用是改善当地人民的生产条件，使其脱贫致富，不能由于水土保持耗水而限制其发展，因此，水土保持中的植被建设也应贯彻因地制宜、节水的原则。

4.6 水管理保障体系

4.6.1 水利治理体系和治理能力现代化

4.6.1.1 我国水安全治理现状与重点任务

1. 新时代治水的主要矛盾

当前，我国社会主要矛盾从人民日益增长的物质文化需要同落后的社会生产之间的矛盾，已经转化为人民日益增长的美好生活需要和不平衡不充分的发展之间的矛盾。水利是经济社会发展的重要支撑和保障，与人民群众的美好生活息息相关。社会主要矛盾发生变化，治水矛盾也相应变化。我国治水主要矛盾从人民对除水害兴水利的需求与水利工程能力不足之间的矛盾，转化为人民对水资源、水生态、水环境的需求与水利行业监管能力不足之间的矛盾。

2. 新时代治水的出发点和落脚点

习近平总书记明确指出治水要从改变自然、征服自然转向调整人的行为、纠正人的错误行为。这是对新时代治水思路的总概括，也是贯彻落实新时代治水思路的总抓手。水利工程补短板、水利行业强监管的水利改革发展总基调正是以"调整人的行为、纠正人的错误行为"为出发点和落脚点，十分精准地抓住了解决新时代治水主要矛盾的突破口。

（1）准确把握了治水对象的变化。在水旱灾害防治为主的阶段，水治理的对象主要是水，防止水多或水少对经济社会带来严重影响。随着水资源、水环境、水生态问题的日益突出，水治理的对象逐渐演变成规范和约束引发上述问题的个人、企事业单位等各类主体，治水对象发生了显著变化。

（2）准确把握了治水内容的变化。在经济社会快速发展的初期，治水主要是不断完善水利基础设施，不断提高水资源开发利用强度和水旱灾害防治水平，以满足日益增长的用水需求和安全保障需求，治水内容以征服自然、改变自然为主。随着经济社会发展与生态环境保护之间的矛盾日益凸显，水治理内容逐渐转向调整人的行为、纠正人的错误行为，对水资源开发利用活动的统筹协调和指导规范越来越重视，对各类用水主体、涉水矛盾、突发事件等的社会化监管力度越来越大。

（3）准确把握了治水手段和方式的变化。随着治水矛盾的转化，过去主要采取行政手段及水利工程措施的治水方式，对除水害兴水利是必要的、有效的，现在对补齐部分地区的水利发展短板仍有重要作用。目前，日益突出的水资源、水生态、水环境问题，更多是人为原因造成的，需要根据人的行为产生、发展和相互转化的规律，引导人的价值选择、规范人的活动尺度、约束人的自我私欲。治水手段和方式相应发生变化，主要应通过法律和经济手段及价格、准入等措施进行严格监管。

3. 新时代治水的重要任务

水利部从保障国家经济社会发展和增进人民福祉的全局，立足水利改革发展实际，准确把握了新时代治水的主要矛盾，提出了新时代水利改革发展总基调，对今后一个时期治水的重要任务进行了明确部署。

水利工程补短板，就是要重点加强中西部、东北、农村地区特别是贫困地区的防洪、供水、生态修复、信息化的短板建设。一是实施防洪提升工程，加快大江大河防洪达标建设，加快病险水库的除险加固，加快中小河流治理，加快山洪灾害防治工程建设。二是实施供水提升工程，加快中西部和东北地区的重大节水供水工程建设，加快实施农村饮水安全巩固提升工程。三是实施生态修复工程，加强长江流域和珠江流域石漠化治理、黄土高原和东北黑土地水土流失治理，加强华北地区地下水超采综合治理、辽河水资源过度开发利用治理，加强洞庭湖、鄱阳湖等湖泊的生态修复。四是加快水利信息化建设，重点加强洪水、干旱、水工程安全运行、水工程建设、水资源开发利用、城乡供水、节水、江河湖泊、水土流失、水利监督等领域的信息化建设。

水利行业强监管，就是要全面强化水利行业的监管，重点强化河湖、水资源、水利工程、水土保持、水利资金、行政事务的监管。一是强化江河湖泊监管，以河长制湖长制为抓手，以推动河长制湖长制从"有名"到"有实"转变为目标，全面监管"盛水的盆"和"盆里的水"。二是强化水资源监管，开展流域和区域水量分配，监管各流域、各区域实际用水量，落实节水优先，把节约用水纳入重点监管。三是强化水利工程监管，在做好水利工程建设招投标、进度、质量等安全生产监管的基础上，重点监管水利工程的安全运行，下大力气消除中小水库安全运行隐患，强化农村饮水工程安全运行的监管。四是强化水土保持监管。全面监管水土流失状况，全面监管生产建设活动造成的人为水土流失情况，充分运用高新技术手段开展监测。五是强化水利资金监管，确保水利投资不被挤占、挪用、套取、贪污、滞留，不虚列工程支出、违规支付工程款，确保配套资金如期足额到位。六是强化政务监管，对党中央国务院重大决策部署、水利部党组重要决定安排、水利政策法规制度规范性要求、水利改革发展重点任务及其他需要贯彻落实的重点工作进行监管。

4.6.1.2　新时代治水思路

习近平总书记提出"节水优先、空间均衡、系统治理、两手发力"新时代治水思路，具有鲜明的时代特征，具有很强的思想性、理论性和实践性，是我们做好水利工作的科学指南和根本遵循。

关于节水优先，习总书记强调，当前的关键环节是节水，从观念、意识、措施等各方面都要把节水放在优先位置。从根本上转变治水思路，把节水放在治水工作各环节的首要位置，按照"确有需要、生态安全、可以持续"的原则开展重大水利工程建设，并强化水资源取、用、耗、排的全过程监管。

关于空间均衡，习总书记要求，面对水安全的严峻形势，发展经济、推进工业化、城镇化，包括推进农业现代化，都必须树立人口经济与资源环境相均衡的原则。"有多少汤泡多少馍"。要加强需求管理，把水资源、水生态、水环境承载能力作为刚性约束，贯彻落实到改革发展稳定各项工作中。这就要求既要从国家区域发展的大战略出发，在充分节水的前提下，开展必要的水资源开发利用和优化配置，满足经济社会发展的合理需求；更要"以水定需"，根据可开发利用的水量来确定合理的经济社会发展结构和规模，发挥水资源的刚性约束作用，倒逼发展规模、发展结构、发展布局优化。强监管是实现需水管理的应有之义，补短板是实现空间均衡的基础支撑。

关于系统治理，习总书记指出，山水林田湖草是一个生命共同体，治水要统筹自然生态的各个要素，要用系统论的思想方法看问题，统筹治水和治山、治水和治林、治水和治田等。这就要求准确把握自然生态要素之间的共生关系，通过对水资源、水生态、水环境的系统监管，统筹推进山水林田湖草的系统治理，补齐水生态修复治理短板。

关于两手发力，习总书记强调，保障水安全，无论是系统修复生态、扩大生态空间，还是节约用水、治理水污染等，都要充分发挥市场和政府的作用，分清政府该干什么，哪些事情可以依靠市场机制。水是公共产品，政府既不能缺位，更不能手软，该管的要管，还要管严、管好。发挥政府"看得见的手"的作用，要求政府通过制订计划、法规或采取命令、指示、规定等行政措施，对水这一公共产品的供给进行干预、调整和管理，以达到保持供需平衡、维护经济稳定的目的。发挥市场"看不见的手"的作用，也要求政府通过完善价格机制、供求机制和竞争机制，促进市场主体作出最理性的选择，实现水资源配置效率的最大化。水利工程补短板，水利行业强监管，是对当前政府履行水治理职责的具体部署，体现了两手发力的要求。

4.6.2 水安全法规

4.6.2.1 我国水行政管理法律法规现状

水法规体系建设是水利改革发展顶层设计的重要支撑。鉴于我国日益严峻的水安全形势，中共中央、国务院等已经密集出台和实施了多项直接或间接涉及水安全的战略、政策、计划和改革方案，立法部门也根据这些战略和政策等，修改和实施了一些关于环境保护、水资源利用和保护的单行法律，包括修订《中华人民共和国环境保护法》《中华

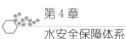

人民共和国海洋环境保护法》《中华人民共和国水污染防治法》等，对节约和保护水资源、防治水污染发挥了重要的作用，奠定了良好的基础。据统计，我国已经建立并形成了以《中华人民共和国水法》为核心，包括4部法律、20部行政法规、52部部门规章以及980余部地方性法规和政府规章的较为完备的水法规体系，内容涵盖水旱灾害防御、水资源管理、水生态保护、河湖管理、执法监督管理等水利工作的各个方面，各类水事活动基本做到有法可依。

1. 水法律

水法律，是调整有关开发、利用、节约、保护和管理水资源，防止水害等人类活动，明确由此产生的各类水事关系而制定的水事法律的总称。我国现行有效的水法律主要有4部：一是《中华人民共和国水法》，是中国有关水事的基本法律，为了合理开发、利用、节约和保护水资源，防治水害，实现水资源的可持续利用，适应国民经济和社会发展的需要而制定的法规。1988年颁布，2002年进行大幅度修订，2009年、2016年分别对其中的个别条文作了进一步修改。二是《中华人民共和国防洪法》，是为了防治洪水，防御、减轻洪涝灾害，维护人民的生命和财产安全，保障社会主义现代化建设顺利进行而制定的法律。1997年颁布，2009年、2016年分别对其中的个别条文进行了修改。三是《中华人民共和国水土保持法》，是为预防和治理水土流失，保护和合理利用水土资源，减轻水、旱、风沙灾害，改善生态环境，保障经济社会可持续发展制定的法律。1991年颁布，2010年进行大幅度修订。四是《中华人民共和国水污染防治法》，是为了保护和改善环境，防治水污染，保护水生态，保障饮用水安全，维护公众健康，推进生态文明建设，促进经济社会可持续发展而制定的法律。1984年颁布，1996年、2008年、2017年先后作了3次修正。

2. 水行政法规

水行政法规是国家最高行政机关依法制定和发布的有关调整水事活动中社会关系的行政法规、决定、命令等规范性文件的总称。现行有效的水行政法规主要有20部，包括《中华人民共和国河道管理条例》《水库大坝安全管理条例》《中华人民共和国防汛条例》《蓄滞洪区运用补偿暂行办法》《长江河道采砂管理条例》《取水许可和水资源费征收管理条例》《大中型水利水电工程建设征地补偿和移民安置条例》《黄河水量调度条例》《中华人民共和国水文条例》《中华人民共和国抗旱条例》《太湖流域管理条例》《长江三峡水利枢纽安全保卫条例》《南水北调工程供用水管理条例》《农田水利条例》等。

3. 水行政部门规章

水行政部门规章是由国家行政管理机关根据法律和国务院的行政法规、决定、命令、规定，在职权范围内，按照规定的立法程序所制定的，以部令形式发布的，调整社会水事活动关系，具有普遍约束力的行为规范的总和。现行有效的水行政部门规章有52部，包括《水行政处罚实施办法》《水利工程供水价格管理办法》《水量分配暂行办法》《取水许可管理办法》等，内容涵盖水资源管理、河道管理、水土保持、水政监察等水利管理的主要方面。

4. 地方性水法规

地方性水法规是由依法享有立法权的地方国家权力机关和地方国家行政机关按法定程序制定的有关调整水事关系的地方法规、决定、命令等规范性文件的总称。截至2019年11月30日，历年制定、修改且现行有效的地方水法规总计980部。从地域分布看，平均每个省份32部。出台地方性水法规数量最多的是云南省，为64部；其次是山东省，为57部；再次是辽宁省，为56部。出台地方性水法规数量最少的为北京市、天津市、重庆市、西藏自治区，基本均为10多部。从类别分布看，目前全国共有省级地方性水法规269部，省级规章191部，市级地方性水法规306部，市级规章131部，单行条例79部，特区条例4部。按照所涉及的领域，可以将地方水法规划分为以下6个领域：综合与监管、水旱灾害防御、水资源管理、水生态保护、河湖管理、水工程管理。目前全国地方水法规在领域之间的具体分布情况为：综合与监管36部，平均每个省份1部；水旱灾害防御99部，平均每个省份3部，其中湖北省最多，为7部；水资源管理352部，占地方水法规的36%，其中辽宁省数量最多，为24部；水生态保护102部，平均每个省份3部，其中山西省与辽宁省数量最多，均为8部；河湖管理193部，平均每个省份6部，其中云南省数量最多，为20部；水工程管理198部，平均每个省份6部，其中河南省最多，为15部。

4.6.2.2 水法规体系建设面临的困难和问题

水法规建设工作取得显著成效的同时，还面临一些突出问题，存在不少薄弱环节。

（1）水法规体系尚不完备，存在"少而不够用"现象。尽管现行水法规总体上看已经具有一定的体系化特征，但是与复杂的水事活动相比，现行水法规体系尚不完备，治水管水的制度空白还比较多，难以满足将全部水事活动都纳入法制化、规范化的要求，因此在一定程度上存在"少而不够用"现象。在中央层面，节约用水、地下水管理、河道采砂管理、生态流量管控等亟须规范的领域尚未制定法律法规，治水管水的制度空白比较多；在地方层面，各地水法规制定存在着不平衡现象，不少省份省级层面的治水管水制度建设普遍薄弱。

（2）滞后于水利改革发展形势，存在"老而不好用"现象。近年来，党中央国务院全面推进法治国家建设和生态文明建设，提出了"节水优先、空间均衡、系统治理、两手发力"的治水思路，水利部党组提出了"水利工程补短板，水利行业强监管"的水利改革发展总基调，加上党和国家机构改革中的部门职责调整，以及深化"放管服"等改革要求，这些都对水法规的修改提出了明确要求。但是，目前仍有不少水法规制定时间偏早，有些甚至制定于20世纪80年代和90年代，至今仍未进行大修大改，已经远远不能适应水利改革发展新形势要求，"老而不好用"现象突出。

（3）一些水法规可操作性不强，存在"粗而不实用"现象。可操作性是法律法规能够得到有效执行的关键，也是判断其质量优劣的重要指标。通过对相关水法律法规中涉及的水利工程运行管理条款进行系统评估，可以看出，现行水法规中的不少水利工程运行管理条款可操作性不强，存在"粗而不实用"问题。

（4）法律责任偏轻，存在"软而不管用"现象。现行水法规的法律责任条款普遍存在"宽松软"问题，与经济社会发展不同步，行政管理规范与治安管理规范、刑事司法规范不衔接，执法威慑力不足，法律适用和实施效果不佳。

4.6.2.3　保障水安全的法律法规发展趋势

从确保水安全及其支撑的能源安全、粮食安全、生态安全和国家安全的战略高度来看，我国现行水法体系、制度和管理体制无法满足水安全及其维系的其他各项安全，需要进行重构和制度创新。

1. 重整和建立水法的内部结构和外部结构

水法的内部结构是水法与各基本法、单行法和法律法规之间的有机结合，外部结构是水法与经济法、资源能源法等相关部门法的衔接和配合。

（1）重整水法的内部结构。现行水法的内部结构是淡水法、海水法分而治之，水质法与水量法分而治之，而且相互之间缺乏有效地衔接和配合的结构。我国淡水法无法有效地控制水短缺和水污染，其中一个原因就是《中华人民共和国水法》与《中华人民共和国水污染防治法》对"水资源"与"水环境"、"水量"与"水质"的相互割裂。为了实现"统一理性"指导之下的水安全及其维系的其他各项安全，水法的内部结构必须进行重整。

（2）建立水法的外部结构。

1）修改《循环经济促进法》。改革循环经济监督管理机制，以有效解决循环经济治理和管理方面的"碎片化"缺陷；在总量控制之下发挥市场的主导作用，建立产权交易制度，尤其是对钢铁、有色金属、煤炭、电力、石化等重污染行业，实行年度能源消费总量控制、用电总量控制、用水总量控制、主要污染物排放总量控制，并建立能源消费指标交易、用电指标交易、水权交易、排污权交易等相应的市场交易制度；节水、节能和减碳措施的协同，制度设计应当避免要求工业企业节水的生硬的规定，以免顾此失彼；细化经济激励性制度，包括规划制度、财税制度、专项基金制度、信贷制度、价格制度等，以使发展循环经济的正外部性损失得到补偿，并把循环经济变为有利可图的活动。

2）修改《中华人民共和国农业法》。确立节水、节肥、节药并行的原则或基本战略。制度设计的重点是完善监督管理制度，建立市场交易机制，以同时发挥政府的引导作用和市场的主导作用。关于水法与资源能源法的联结，我国需要考虑国内外能源发展的现状和趋势，并结合国家能源发展战略和政策，以及水、能源、气候之间的复杂联结，制定和修改能源领域的法律法规。节能就是节水和减碳，但是节水并不必然地等于节能和减碳，减碳也不等于节水。

2. 建立整体、综合的水资源管理机制

我国现在实行的分散的管理体制，导致了部门立法观念、技术和程序，或者说是部门立法观念、技术和程序导致了这样的管理体制。考虑到水循环的自然规律及我国水安全面临的严峻形势，为了确保水安全及其维系的其他各项安全，我国必须改变"九龙治水"的局面，对水资源进行综合管理。从中远期来看，在对水法结构进行"中整"或"大整"的同时，需要将分散管理、各自为政的管理体制改革为整体、综合的管理体制，实施海陆一体化或统筹管理。从近期来看，如果我国对水法结构进行"小整"，并继续实行流域管理和行政区域管理相结合的管理体制，就必须紧密结合各地实际情况，充分发挥县级以上地方政府水行政主管部门依法管理本行政区域内水资源的积极性和主动性。不论是建立以水法为主体，水法与经济法、资源能源法等相互联结的法律体系和制度，还是整体、综合的水资源管理体制，都应当"主抓两手"：一是总量控制制度的设计和实施；二是市场交易制度的设计和实施。

总量控制是在确保水安全及其维系的其他各项安全之间寻求平衡，对不同行业或地区的水耗、能耗、碳排放和污染物排放等资源环境利用同时实施总量控制制度。《中华人民共和国水污染防治法》明确建立并实施了水体重点污染物排放总量控制制度，国务院的政策文件规定实施用水总量控制、稀土开采总量控制、能源消费总量控制，新修订的《中华人民共和国环境保护法》也确立了重点污染物排放总量控制制度。但是总体而言，这一制度建设还很薄弱，比如法律制度建设滞后于政策规定、适用范围狭窄、缺乏海陆统筹、执行情况较差等，与其基础性地位很不相称。需要修改《中华人民共和国水污染防治法》《中华人民共和国海洋环境保护法》《中华人民共和国节约能源法》《中华人民共和国矿产资源法》等单行法，扩大水体污染物排放总量控制的范围，正式建立用水总量控制、陆源污染物排海总量控制、能源消费总量控制、矿产资源开采总量控制等制度。

我国水安全及其维系的其他各项安全的实现，关键在于提高水资源和能源资源的效率。通过市场配置，资源才能实现效率最大化，因此，追逐水资源和能源效率的一切制度都可以按照市场经济制度的要求进行设计与安排。一个成功的市场经济政策必须利用企业发展和技术革新最基本的内在动力——追逐利润。在总量控制的前提下允许企业进行水权交易、节能量交易、矿业权交易、排污权交易、碳排放权交易等水资源利用、能源开采利用和环境容量使用的市场交易，将技术选择的权力留给具有竞争活力的市场。

"主抓两手"的政策和制度创造了从削减污染排放或资源能源消费中创收的途径，释放出最强劲的经济力量，使"环境保护不仅仅只是一个输钱机，也是一个利润中心"，有效地实现节约资源能源利用、减少污染排放、改善环境质量、保护生态系统的目的。

拓展阅读

相 关 术 语

水资源总量：指当地降水形成的地表和地下产水总量，即地表产流量与降水入渗补给地下水量之和。

供水量：指各种水源提供的包括输水损失在内的水量之和，分地表水源、地下水源和其他水源。

用水量：指各类河道外用水户取用的包括输水损失在内的毛水量之和，按生活用水、工业用水、农业用水和人工生态环境补水四大类用户统计，不包括海水直接利用量以及水力发电、航运等河道内用水量。

洪水等级：小洪水是指洪水要素重现期小于 5 年的洪水；中洪水是指洪水要素重现期大于等于 5 年、小于 20 年的洪水；大洪水是指洪水要素重现期大于等于 20 年、小于 50 年的洪水；特大洪水是指洪水要素重现期大于等于 50 年的洪水。

编号洪水：大江、大河、大湖及跨省独流入海主要河流的洪峰达到警戒水位（流量）、3～5 年一遇洪水量级或影响当地防洪安全的水位（流量）时，确定为编号洪水。

警戒水位：可能造成防洪工程出现险情的河流和其他水体的水位。

保证水位：能保证防洪工程或防护区安全运行的最高洪水位。

降雨等级：降雨分为微量降雨（零星小雨）、小雨、中雨、大雨、暴雨、大暴雨、特大暴雨共 7 个等级（表 4.1）。

表 4.1 降 雨 等 级 划 分

等 级	时段降雨量/mm	
	12 小时降雨量	24 小时降雨量
微量降雨（零星小雨）	<0.1	<0.1
小雨	0.1～4.9	0.1～9.9
中雨	5.0～14.9	10.0～24.9
大雨	15.0～29.9	25.0～49.9
暴雨	30.0～69.9	50.0～99.9
大暴雨	70.0～139.9	100.0～249.9
特大暴雨	≥140.0	≥250.0

注 引用《降水量等级》（GB/T 28592—2012）。

本 章 小 结

水安全是一个必须高度重视的问题，必须采取积极主动的应对措施。在追求经济发展的同时，需要考虑资源的可持续发展，约束传统的高耗水、高污染式的发展，否则会诱使水冲突加剧，危害公众健康，水安全状况恶化，甚至导致社会动荡。提高用水效率是缓解乃至解决水安全问题的必经之路；必须坚持包括水资源在内的重要资源归国家所有并由中央政府统一管理的根本制度。国外一些做法造成水资源管理分散，水资源争夺，跨流域调水难以落实，短期利益至上，选举利益至上等弊端。要坚持流域管理，坚持新型工业化，全力建设环境友好型、资源节约型社会。淘汰高耗水产能和高耗水工艺，淘汰造成严重水污染的产能与工艺，避开先污染后治理的弯路，才能实现可持续发展。

作 业 与 思 考

一、选择题

1. 水安全保障体系包括以下哪些方面？（　　　）

A. 节水保障体系 　　　　　　　B. 防洪安全保障体系

C. 河湖水生态健康保障体系 　　D. 优化水资源配置

E. 水管理保障体系

2. 习近平提出的治水思路为（　　　）。

A. 节水优先、空间均衡 　　　　B. 系统治理、两手发力

C. 预防为主、综合治理 　　　　D. 谁污染谁治理

3. 在我国这样的人口大国，每个人节约用水的意义重大，下面的节水办法中可行的是（　　　）。

A. 脏衣服少时用手洗

B. 提高水价的经济手段

C. 减少每个人每天的饮用水量

D. 洗碗前，将盘碗中的残渣倒入厨余垃圾，用纸将油汤初步擦拭后再用水洗

4. 实施水安全战略的重大意义有哪些？（　　　）

A. 事关中华民族永续发展

B. 事关人民福祉，人民群众对干净的水、清新的空气、安全的食品、优美的环境等的要求越来越高

C. 事关党的执政基础，解决不好水资源短缺、水生态损害、水环境污染等群众反映强烈的民生问题，长此以往，就很可能失去公信力，失去民心

5. 水资源短缺可以分为哪几类？（　　　）

A. 资源型缺水 　　　　　　　　B. 工程型缺水

C. 水质型缺水 　　　　　　　　D. 管理型缺水

6. 以下哪些是节水型生活用水器具？（　　　）

A. 节水龙头　　　　　B. 节水马桶　　　　　C. 喷雾式节水淋浴喷头

7. 2013 年国务院发布了《实行最严格水资源管理制度考核办法》，其中"三条红线"之一的确立水资源开发利用控制红线，是指到 2030 年全国用水总量控制在（　　）亿 m^3 以内。

A. 7000　　　　　B. 9000　　　　　C. 700

8.《中华人民共和国水法》《中华人民共和国河道管理条例》均明确规定：在行洪、排涝河道和航道范围内开采砂石，（　　）报经河道主管部门批准，按照批准的范围和作业方式开采。

A. 必须　　　　　B. 不需要　　　　　C. 根据需要

9. 洪水来到时，下面哪些是正确的自救方式？（　　）

A. 受到洪水威胁时，如果时间充裕，应按照预定路线，有组织地向山坡、高地等处转移

B. 已经被洪水包围的情况下，要尽可能利用船只、木排、门板、木床等，做水上转移

C. 发现高压线铁塔倾倒、电线低垂或断折，要远离避险，不可触摸或接近，防止触电

D. 已经来不及转移时，要立即爬上屋顶、楼房高层、大树、高墙，暂时避险等待援救，不要单身游水转移

E. 洪水过后，要服用预防流行病的药物，做好卫生防疫工作，避免发生传染病

10. 重视河湖生态安全，要坚持以（　　）是一个生命共同体。

A. 山水林田　　　　　　　　B. 山水林田湖

C. 山水林田湖草　　　　　　D. 山水林田湖路

二、判断题

1. 发电、钢铁、造纸、石油化工等行业属于高耗水行业，其取水量占工业取水量比重较大。　　　　　　　　　　　　　　　　　　　　　　　　　　　　（　　）

2. "中水"原是指水质介于"上水"（自来水）和"下水"（污水）之间的水，现中水一般指再生水。　　　　　　　　　　　　　　　　　　　　　　　　　（　　）

3. 我国农业上常用的节水增效技术有滴灌、喷灌、微灌、集雨补灌等。（　　）

4. 水利不仅关系到防洪安全、供水安全和粮食安全，而且关系到经济安全、生态安全和国家安全。　　　　　　　　　　　　　　　　　　　　　　　　　（　　）

5. 洪灾不仅带来人口伤亡，还影响工业、交通运输业、农业减产绝收，大牲畜死亡，水产养殖损失。　　　　　　　　　　　　　　　　　　　　　　　　　（　　）

6. 山丘区的中小河流，山洪暴涨暴落，并挟带大量泥沙，要防止在两岸盲目开发行洪河滩，修建堤防。　　　　　　　　　　　　　　　　　　　　　　　　（　　）

7. 城镇村庄的选址要极其慎重，不准侵占行洪河滩，并注意划分山洪及泥石流危害区，避免地质灾害。　　　　　　　　　　　　　　　　　　　　　　　　（　　）

8. 水资源是取之不尽、用之不竭的。　　　　　　　　　　　　　　　　　（　　）

9. 收集雨水，净化后可以作为冲厕、绿化、道路浇洒、洗车及景观用水。　（　　）

本 章 参 考 文 献

［1］ 湖南省水利厅，湖南省发展和改革委员会.《湖南省"十四五"水安全保障规划》［R/OL］. (2021-08-24)［2021-08-26］. http：//www. hunan. gov. cn/topic/hnsswgh/ghwj/202109/t20210909_20555506. html.

［2］ 中华人民共和国水利部. 2019 年中国水资源公报［R/OL］. (2020-08-03)［2021-06-26］. http：//www. mwr. gov. cn/sj/tjgb/szygb/202008/t20200803_1430726. html.

［3］ 国家统计局. 中华人民共和国 2019 年国民经济和社会发展统计公报［R/OL］. (2020-02-28)［2021-07-21］. http：//www. stats. gov. cn/tjsj/zxfb/202002/t20200228_1728913. html.

［4］《2020 年全球风险报告》：各国应尽快携手应对全球性挑战［EB/OL］. (2020-01-20)［2021-04-11］. https：//tech. sina. com. cn/roll/2020-01-20/doc-iihnzhha3603250. shtml.

［5］ 中华人民共和国中央人民政府. 两部门关于印发《全国海水利用"十三五"规划》的通知［R/OL］. (2017-01-03)［2020-11-12］. http：//www. gov. cn/xinwen/2017-01/03/content_5156151. htm.

［6］ 贾绍凤，刘俊. 大国水情：中国水问题报告［M］. 武汉：华中科技大学出版社，2014：45.

［7］ 王浩. 水与发展蓝皮书-中国水风险评估报告［M］. 北京：社会科学文献出版社，2013：22.

［8］ 李志斐. 水与中国周边关系［M］. 北京：时事出版社，2015：78.

［9］ 王浩，胡春红，王建华，等. 我国水安全战略和相关重大政策研究［M］. 北京：科学出版社，2019：5-171.

［10］ 陈萌山. 把加快发展节水农业作为建设现代农业的重大战略举措［J］. 农业经济问题，2011，32 (2)：4-7.

［11］ 湖南省发展和改革委员会. 国家节水行动湖南省实施方案［R/OL］. (2019-12-25)［2020-05-14］. http：//fgw. hunan. gov. cn/xxgk_70899/gzdtf/gzdt/201912/t20191225_11009169. html.

［12］ 程晓陶. 新中国防洪体系建设 70 年［J］. 中国减灾，2019 (19)：24-27.

［13］ 陈鸿起. 水安全及防汛减灾安全保障体系研究［D］. 西安：西安理工大学，2007.

［14］ 王小林，马北福. 浅谈我国防洪安全保障体系的建设［J］. 水利科技与经济，2010，16 (1)：84-85.

［15］ 中国工程院"21 世纪中国可持续发展水资源战略研究"项目组. 中国可持续发展水资源战略研究综合报告［J］. 中国工程科学，2000 (8)：1-17.

［16］ 黄锦辉，赵蓉，史晓新，等. 河湖水系生态保护与修复对策［J］. 水利规划与设计，2018 (4)：1-4，107.

［17］ 彭贤则，夏懿，刘婷，等. "河长制"下的水环境修复与治理［J］. 湖北师范大学学报（哲学社

会科学版），2018，38（1）：81-83.

[18] CJ/T 164—2014 节水型生活用水器具 [S].

[19] 国务院办公厅关于加强长江水生生物保护工作的意见 [J]. 中国水产，2018（11）：11-13.

[20] 黄真理. 三峡工程中的生物多样性保护 [J]. 生物多样性，2001（4）：472-481.

[21] 加强重点流域河湖水生态保护实现"人水和谐" [J]. 环境保护，2020，48（15）：2.

[22] 王浩，褚俊英. 和衷共济奋力前行——水污染防控 40 年脉络与展望 [J]. 环境保护，2013，41（14）：32-34.

[23] 张凯松，周启星，孙铁珩. 城镇生活污水处理技术研究进展 [J]. 世界科技研究与发展，2003（5）：5-10.

[24] 聂会兰，顾宝群，张贵良. 新农村建设中生活污水处理对策 [J]. 河北工程技术高等专科学校学报，2010（2）：1-4.

[25] 尹明万，谢新民，王浩，等. 基于生活、生产和生态环境用水的水资源配置模型 [J]. 水利水电科技进展，2004（2）：5-8，69.

[26] 史婧力. 责任与方法是安全水运的重要保障——访全国政协委员、交通运输部安全总监成平 [J]. 中国船检，2017（3）：44-45.

[27] 石长伟，马雪妍，晁代文，等. 渭河临渭区段河道采沙堆沙对行洪蓄洪的影响 [J]. 人民黄河，2012，34（12）：20-21，77.

[28] 中华人民共和国应急管理部官网. 洪水来了怎么办？这份避险指南务必收好！[R/OL].（2020-07-24）[2020-08-21]. https：//www. mem. gov. cn/kp/zrzh/202007/t20200724_366103. shtml.

第 5 章

水安全展望

水安全是国家安全的重要组成部分，关系到资源安全、生态安全、经济安全和社会安全。当前世界范围内仍然面临着局部水资源短缺、水灾害严重、水生态损害、水环境污染等突出的水安全问题。在战略定位上，习总书记强调，治水对中华民族生存发展和国家统一兴盛至关重要，要从保障国家长治久安、实现中华民族永续发展的战略高度，重视解决好水安全问题。

随着我国对水安全的高度重视、水安全治理能力的显著加强、全社会节水理念的提升，将逐渐实现资源节约、洪旱无虞、饮水放心、用水便捷、环境友好、亲水宜居的水环境，基本建成与经济社会发展相适应的水安全格局。但极端天气事件趋多趋强，气候风险水平呈上升趋势，对守护国家水安全提出了新的挑战。

在中国特色社会主义进入新时代的同时，水利事业的发展也进入了新时代。习总书记深刻洞察我国国情水情，明确提出了"节水优先、空间均衡、系统治理、两手发力"的治水思路，突出强调要从改变自然、征服自然转向调整人的行为、纠正人的错误行为，这是针对我国水安全严峻形势提出的治本之策。当前我国治水的主要矛盾已经发生深刻变化，从人民群众对除水害、兴水利的需求与水利工程能力不足的矛盾，转变为人民群众对水资源、水生态、水环境的需求与水利行业监管能力不足的矛盾。其中，前一矛盾尚未根本解决并将长期存在，而后一矛盾已上升为主要矛盾和矛盾的主要方面。坚持"水利工程补短板、水利行业强监管"，这是当前和今后一个时期水利改革发展的总基调。为确保水安全各省市正探索建设与实施标准化、精细化的管理，建设水安全监管标准化体系和制度，提升应急处理能力。

5.1 健全水安全监管体系

5.1.1 水安全监管体系

为应对水安全各类风险，工程措施与非工程措施需结合发展，我国将以建设水灾害防控、水资源调配、水生态保护功能一体化的国家水网为核心，加快完善水利基础设施体系，解决水资源时空分布不均问题，加快构建水利监管体系，提升国家水安全保障能力。

为保障水安全，达到人与自然和谐共生，不断提升监测预警水平，全面增强应急管理能力，建立健全的水安全监管体系，不仅可以解决水安全人为因素的影响，同时可以进一步保障水利工程基础设施的安全运行。保障水安全，健全水安全监管体系，就是要从法制、体制、机制入手，建立一整套务实、高效、管用的监管体系。要开展全方位保护、全流域治理、全过程监管、全链条发展的协同系统治理。

5.1.2　水安全监管体系展望

在法制建设方面，进一步完善水利监管的法律法规、部门规章、标准规范、实施办法等制度体系，明确监管内容、监管人员、监管方式、监管责任、处置措施等，使水利监管工作有法可依、有章可循。要对治水领域的法规制度进行系统梳理，划出工程建设运行、水资源管理、河湖管理、灾害防御、水土保持、农村水电等各领域的监管"红线"，使法规制度"长牙"、"带电"、有威慑力。同时要根据实践发展对相应规章制度进行修改完善，条件成熟时启动立法程序，使水利监管实践中行之有效的经验及时上升为法律。

在体制建设方面，进一步明确水利监管的职责机构和人员编制，建立统一领导、全面覆盖、分级负责、协调联动的监管队伍。水利部成立了水利督查工作领导小组，对督查工作实行统一领导，相关司局分别负责相关重点业务督查，提出本领域督查工作要求，并对发现问题进行整改落实。强化部分直属单位的监管职能，组建部本级督查队伍。在各流域机构设立监督局（处），组建督查队伍，按照水利部统一部署，承担片区内的监督检查具体工作。各省也要建立相应的督查队伍，形成完整统一、上下联动的督查体系。

在机制建设方面，进一步确立内部运行的规章制度，确保监管队伍能够认真履职尽责，顺利开展工作。要运用信息化手段，搭建一个覆盖水利各业务领域的信息互通平台，实行问题清单管理，实现发现问题、认证问题、整改督办、责任追究的有效衔接和闭环运行。要为监管部门提供必要的办公条件和设备、经费保障，满足监管任务需要。要突出严、实、细、硬的监督特色，注重选拔勤勉敬业、高度负责、能力突出、作风过硬的同志参与监管工作，树立水利行业监管队伍的良好形象。要通过加强正面宣传、舆论引导和负面警示，持续释放严监管、严问责的强烈信号，引导全行业重视监管、支持监管、配合监管。

5.2　践行水安全生态建设理念

5.2.1　水安全生态建设理念

《中共中央关于制定国民经济和社会发展第十四个五年规划和二〇三五年远景目标的建议》中指出坚持绿水青山就是金山银山理念，坚持尊重自然、顺应自然、保护自然，坚持节约优先、保护优先、自然恢复为主，守住自然生态安全边界。

　　未来国家将围绕水生态空间得到有效保护、水土流失得到有效治理、河湖生态水量得到有效保障、水生物多样性得到逐步恢复的总体目标，制定综合管用措施，守住水生态安全底线，并不断改善水生态健康状况。

　　践行水安全生态理念，系统化、均衡化发展，需统筹水环境、水生态、水资源、水安全、水文化，努力实现人与自然和谐共生，形成山水林田湖草沙生命共同体。

5.2.2　水安全生态建设理念展望

　　一是，制定水生态健康建设规划方案，贯彻落实水生态保护修复有关的法律法规和管理条例，强化生态法治，构建"立法＋执法＋司法"多维护航机制。

　　二是，组织建设水生态水利工程，建设多维水生态发展体系，进一步形成水生态健康实时调控和综合管理系统平台，提升水生态保障能力。

　　三是，科学制定主要河流水量分配方案，完善区域用水总量调控体系，细化重要控制断面生态流量下泄控制指标，避免水资源的过度开发。

　　今后很长一段时间我国将完善水利基础设施网络，切实提高全国节水水平，以提高生态环境质量，助力巩固拓展脱贫攻坚成果与乡村振兴有效衔接，补齐水利基础设施短板，打通水利发展"瓶颈"，完善水资源优化配置的格局，统筹做好水旱灾害防治、水资源节约、水生态保护修复、水环境治理工作，建立水网管理系统。

拓展阅读 〰〰〰〰〰〰〰〰〰〰〰〰〰〰〰〰〰〰〰〰〰〰〰〰〰〰

山水林田湖草沙生命共同体

　　山水林田湖草沙是一个生命共同体，是水土流失发生、发展、相互作用的自然系统，也是区域发展的经济系统。统筹山水林田湖草沙系统治理，注重流域地理单元的完整性、生态系统的系统性、生态要素的关联性、生态斑块的连通性、发展保护的协调性，是建立水安全生态体系的重要思路，构建了水安全生态保护屏障。

　　"山水林田湖草沙是一个生命共同体"的理念和原则，论述了生命共同体内在的自然规律，进一步唤醒了人类尊重自然、关爱生命的意识和情感，为新时代推进绿色发展提供了行动指南，全力保护自然、修复生态，还自然以宁静、和谐、美丽。如黄河流域上的宁夏湿地建设、长江流域上的湖北宜昌湖泊湿地建设，内蒙古的沙漠治理（图 5.1），都很好地践行了"山水林田湖草沙生命共同

图 5.1　内蒙古鄂尔多斯市库布
其沙漠穿沙公路绿化

体"理念。

日前，自然资源部办公厅、财政部办公厅、生态环境部办公厅联合印发《山水林田湖草生态保护修复工程指南（试行）》，全面指导和规范各地山水林田湖草沙生态保护修复工程实施，推动山水林田湖草沙一体化保护和修复。

"暮春三月，江南草长，杂花生树，群莺乱飞"。在那些流传千古的诗句中，美好的环境从来都是由多重元素组成的，有花、有树、有群莺。今天，我们推进生态文明建设，更应遵循"山水林田湖草沙是生命共同体"的系统思想，下大力气推动生态环境整体性保护和系统性修复，让美丽中国呈现多元之美、系统之美。

5.3 推进水安全智慧化发展

5.3.1 水安全智慧化

随着信息技术的迅速发展和深入应用，全国水利信息化建设进入全方位、多层次的新阶段，已成为水利现代化的基础支撑和重要标志，水利管理信息化建设逐步由数字化、智能化迈向智慧化，各级水利部门积极开展互联、服务整合和智慧应用，实现以水利数字化推动水利建设现代化。如湖南省的水利云平台建设目标是实现水利基础信息、水利办公、水利巡查、水利安全管理等多数据共享的大数据平台；水雨情监测系统实现了水雨情的实时自动监测与预警。

水利智慧化建设能够解决各省市间水利信息资源共享瓶颈问题，推进水利信息化资源整合共享和开发利用，强化信息化技术与水利业务深度融合，支撑并带动流域核心业务系统的建设。

5.3.2 水安全智慧化展望

各省市加快水利信息化建设，以"网络安全、态势感知、全面互联、整合共享、智能应用"为重点，开展"水资源·水安全"信息化规划，利用新信息技术手段，推动数字水利向智慧水利转变，为智慧城市提供数据共享和决策支持，提升水安全监管能力，已成为解决水安全问题发展的重要技术支撑与发展方向。

目前水务智慧化建设中信息孤岛严重、缺乏顶层规划、保障体系不健全、缺乏智慧化内涵，水务智慧化建设应以提高规划顶层，完善信息化标准规范建设为前提、以信息集约建设为重点、提升智慧化水平。

智慧水利的发展，一方面是如何对信息进行收集与处理，实现智慧化的监测与监管。

其发展趋势越来越面向新一代信息技术的发展与应用，如 VR、无人机等智能设备的应用。随着新一代信息技术，如云计算、物联网、大数据等的落地应用，如何推动智慧水利与互联网、大数据、人工智能的深度融合，设计出不同功能的系统是目前智慧水利发展的核心瓶颈之一。水利行业要吸收其他行业的先进技术，如智能制造的数字孪生技术，目标就是解决虚拟与现实的桥梁问题。

另一方面是，如何将互联网＋智慧水利系统进行设计和完善。通过设计不同的系统功能，能简洁、快速、准确地帮助管理人员正确预判水安全风险因素，进行科学的水资源调配，水生态监管与水利工程的智慧化运行与管理，充分发挥水利基础设施的作用，保障水安全。这也是未来发展趋势之一。

为提升水安全保障能力，推进水安全智慧化发展，我国将大力建设现代化水利基础设施网络，形成现代化水治理体系和监管体系。目标到 21 世纪中叶，把我国建成现代化水利强国，水安全保障能力全面提升。

拓展阅读 ~~~~~~

智 慧 水 利

智慧水利是智慧地球的思想与技术在水利行业的应用。IBM 公司将美国国家智慧水网（NATIONAL SMART WATER GRID）作为"智能地球"的重要组成，并提出了 3 个关键词：自动化、交互性、智能化。即利用物联网技术，自动、实时地感知水资源、水环境、物理大气水文过程及各种水利工程的多要素、多属性、多格式的数据，通过信息通信网络传送到在线的数据库、数据仓库和云存储中，再利用云计算、数据挖掘、深度学习等智能计算技术进行数据处理、建模和推演，做出科学优化的判断和决策，并反馈给人类和设备，采取相应的措施和行动有效解决水利科技和水利行业的各种问题，提高水资源的利用率和水利工程的效益，有效保护水资源及水环境，实现防灾减灾和人水和谐。智慧水利的技术核心将涉及水文学、水动力学、气象学、信息学、水资源管理和行为科学等多个学科方向，新一代水利信息化将成为多学科的信息集成。

因此智慧水利即运用物联网、云计算、大数据等新一代信息通信技术，促进水利规划、工程建设、运行管理和社会服务的智慧化，提升水资源的利用效率和水旱灾害的防御能力，改善水环境和水生态，保障国家水安全和经济社会的可持续发展。如水利工程勘测与管理中用到的无人机测绘与巡查（图 5.2），水利工程建设过程中利用虚拟仿真模拟，通过智能互动如 VR（图 5.3）、实时控制、信息采集和数据分析，对各种决策的效果与作用进行分析比较，科学管理整个建设过程，控制工程事故。

图 5.2　无人机巡查　　　　　图 5.3　VR 虚拟仿真模拟水利工程建设

5.4　创新水安全治理技术

5.4.1　水安全治理技术

在节水灌溉方面，以滴灌、微灌技术为基础，采集农业灌溉有关参数，能有效分析植物缺水程度，定量化灌溉，有效提高灌溉效率。水污染防治技术进一步发展，曝气增氧仪器能源绿色化发展，生物科技的低影响治理技术拓展，生物膜技术在河流湖泊的污水治理中将逐渐得到应用推广。水环境治理生态技术建设逐步摒弃了硬质化河湖岸坡治理模式，以多种新型生态化护岸为主，如：生态袋、格宾挡墙、雷诺护垫等。同时为处理生产生活污水，人工湿地等生态水利工程进一步建设。污水监测与处理工艺进一步提升，利用中水等回收系统增加雨水等水资源的再生利用率也是今后治理水安全问题的有效措施之一。为保障水库防洪抗旱安全，建立科学的数值模型，进行水安全数值模拟，能有效模拟水库群联动进行水库调度，保障水安全。

5.4.2　水安全治理技术展望

为解决水污染、节水用水、水生态安全、防洪安全等水安全治理问题，科技一直在创新，今后还会沿着这个方向继续发展。改进水安全治理技术，提高水安全治理效率、降低治理费用与能耗仍是今后重要的研究内容。不少国家在水安全治理技术上不断创新，具有代表性的国家如以色列，除开发污水回收和海水淡化技术外，以色列水科技还有"绝活"，从空气中提取水，创新研发"大气水提取器"，值得我们学习。

拓展阅读

滴灌技术的应用

滴灌技术应用最广泛的国家是以色列，以色列严重缺乏水资源，并且水资源严重分布不均匀，北部拥有加利利湖，而南部则是不毛之地。以色列大部分地区年降水量不足 100mm，而作为水资源库存的加利利湖也处于每年降低水位的状态，水资源成为了限制地区发展的决定性因素。生存意识造就了以色列的创新意识。以色列

图 5.4　以色列创新的灌溉技术

的大型畜牧场几乎都采用非常完善的水循环系统与雨水收集系统，比如动物粪便会被集中运送到垃圾处理器进行水便分离，净化后的水用来奶牛清洗、牛棚降温，最后经过净化后再用于植被的灌溉，这些水循环再利用的政策措施不仅可以节水，还大大降低了生物污染风险，最大化地保护了生态环境。滴灌技术，让每一滴水的利用率提高到 90％以上，计算机系统控制的水、肥、农药滴喷（图 5.4）、微灌等灌溉系统已经被以色列特色现代农业广泛使用。

本　章　小　结

水资源匮乏、水环境污染、水生态破坏以及防洪安全、水利工程安全、饮水安全等一系列水安全问题是我国面临的突出问题，目前我国正积极创新水安全管理体制机制，形成现代化的治理体系、运用现代化技术手段，依靠智慧水利，对水资源、水环境、水生态进行保护、治理，有效解决水安全问题。为实现 2035 年社会主义现代化远景目标——形成社会主义现代化、城乡一体化，生态美好的美丽中国奋斗。

面向未来，我国将秉持"创新、协调、绿色、开放、共享"的新发展理念，以开展"一带一路"国际合作为契机，积极打造人类命运共同体。与世界各国共同推动实现可持续发展涉水目标，努力构建绿色、循环、节约、高效、安全的全球水治理体系，为增进全人类福祉作出新的贡献。

作　业　与　思　考

1. 试找一找我国水利行业新颁布的水安全监管法律法规有哪些？
2. 你的家乡是否能达到水生态安全？如果没有，试思考解决的思路。

3. 调研水利相关单位，收集单位希望智慧水利帮助解决什么问题。

4. 观察你身边的保障水安全的设施或措施，并说一说它们的优缺点。

5. 畅想一下，你所希望的与水有关的校园环境是怎样的？

本 章 参 考 文 献

[1] 习近平. 关于《中共中央关于全面深化改革若干重大问题的决定》的说明 [N]. 人民日报，2013－11－16 (1).

[2] 全国水利工作会议指出："水利工程补短板、水利行业强监管" [EB/OL]. [2019－01－17]. https://www.sohu.com/a/289538383_781497.

[3] 鄂竟平. 深入贯彻落实习近平总书记治水重要论述精神加快推动水利工程补短板、水利行业强监管 [J]. 时事报告（党委中心组学习），2019 (2)：71－86.

[4] 左其亭. 国家多层水生态健康保障体系构建 [J/OL]. 水利学报，1－8：[2021－10－16]. https://doi.org/10.13243/j.cnki.slxb.20210566.

[5] 陈义飞. 巢湖流域山水林田湖草一体化保护和修复研究 [J]. 山东化工，2021，50 (11)：260－261.

[6] 人民日报评论部：山水林田湖草是生命共同体 [EB/OL]. 2020－08－13. 国家林业和草原局政府网：http://www.forestry.gov.cn/main/586/20200813/092400150810730.html.

[7] 纪碧华，刘增贤，李琛，等. 面向长三角一体化的太湖流域智能水网建设构想 [J]. 水利水电快报，2021，42 (9)：85－90.

[8] 袁轲，康琛. 湖南"水资源·水安全"信息化规划及建设实践 [J]. 水利信息化，2020 (1)：6－9，14.

[9] 宫强. 我国水务企业信息化建设主要问题分析与建议 [J/OL]. 净水技术，2021 (S1)：1－4 [2021－10－17]. https://doi.org/10.15890/j.cnki.jsjs.2021.s1.075.

[10] 王浩，等. 我国水安全战略和相关重大政策研究 [M]. 北京：科学出版社，2019：6.

[11] 张建云，刘九夫，金君良. 关于智慧水利的认识与思考 [J]. 水利水运工程学报，2019 (6)：1－7.